大数据技术与应用丛书

Python

大数据处理与分析项目实战

安俊秀 陶鼎文 潘益民◎主 编

袁明坤 毛 柯 卫宣伶 李雨航◎副主编

U0742555

人民邮电出版社

北 京

图书在版编目（CIP）数据

Python大数据处理与分析项目实战 / 安俊秀，陶鼎文，潘益民主编. -- 北京：人民邮电出版社，2025.（大数据技术与应用丛书）. -- ISBN 978-7-115-65732-9

Ⅰ. TP312.8

中国国家版本馆CIP数据核字第2024XV5269号

内 容 提 要

本书围绕 Python 大数据处理与分析，对其相关技术进行详细的讲解。全书共 9 章，首先介绍大数据分析的基本概念及可用的方法和技术，然后介绍如何使用 Excel 进行数据分析，包括数据探索与描述性分析、使用 Excel 函数和工具进行数据分析、使用数据透视表与数据透视图进行数据分析等；如何使用 Power BI Desktop 进行数据分析，包括数据集成、数据清洗、数据归约、数据变换的基本操作，以及 DAX 函数的使用；如何使用 NumPy 进行数据计算和如何使用 pandas 进行数据分析。接着介绍一些数据可视化方法，包括使用 Excel、Power BI 和 Matplotlib 进行数据可视化的方法。最后介绍机器学习基础，并讲解两个实践案例。本书从理论、实践两部分进行细致的讲解，旨在帮助读者更好地了解使用 Python 进行大数据处理与分析的相关方法。

本书适合作为高等院校大数据相关专业及人工智能相关专业的大数据处理与分析课程的教材，也可作为 Python 大数据处理与分析相关培训的教材。

◆ 主　　编　安俊秀　陶鼎文　潘益民
　　副 主 编　袁明坤　毛　柯　卫宣伶　李雨航
　　责任编辑　王梓灵
　　责任印制　马振武

◆ 人民邮电出版社出版发行　　北京市丰台区成寿寺路 11 号
　　邮编　100164　　电子邮件　315@ptpress.com.cn
　　网址　https://www.ptpress.com.cn
　　三河市君旺印务有限公司印刷

◆ 开本：787×1092　1/16
　　印张：13.5　　　　　　　　　2025 年 6 月第 1 版
　　字数：320 千字　　　　　　　2025 年 6 月河北第 1 次印刷

定价：69.80 元

读者服务热线：**(010)53913866**　印装质量热线：**(010)81055316**
反盗版热线：**(010)81055315**

前　言

在当今大数据时代，信息的爆炸式增长已经成为常态。大数据不仅是规模庞大的数据集合，更是一种宝贵的资源。随着互联网、传感器技术和数字化工具的普及，大数据的重要性日益凸显。它不仅能为决策提供全新的视角和支持，还可以提高效率和增加效益。例如，企业和组织可以通过处理、分析大数据，发现市场的趋势、客户的需求、产品改进的机会等，从而制定更加精准的发展战略。

大数据处理与分析是一个复杂而有序的过程，从数据的采集和存储开始，经过清洗和预处理，进入数据分析的核心阶段，通过统计、数据挖掘或机器学习等技术揭示数据中隐藏的模式和规律。分析结果通常通过可视化方式展示，帮助决策者理解数据并作出相应的决策或行动。这个过程还涉及模型的部署与优化，以及持续监控和反馈循环，以确保数据处理的准确性和效率。

为了帮助读者更好地理解大数据处理与分析的相关技术及应用，我们组织编写了这本书。本书首先简述了大数据分析的基本概念和所需的方法与技术，然后介绍了如何使用 Excel、Power BI、NumPy 和 pandas 进行数据处理和分析，并介绍了如何使用 Excel、Power BI 和 Matplotlib 进行数据可视化，最后介绍了机器学习基础，并通过实践案例帮助读者进一步提升大数据分析的实践能力。

全书共 9 章，主要内容如下。

第 1 章为大数据分析基础，介绍大数据分析的基本概念、方法与技术、Python 解释器的安装与数据分析环境的配置。

第 2 章为 Excel 数据分析技术，介绍 Excel 数据探索与描述性分析、使用 Excel 函数和工具进行数据分析及 Excel 中的数据透视表与透视图。

第 3 章为 Power BI Desktop 数据分析技术，介绍 Power BI Desktop 的基本操作及如何在 Power BI Desktop 中进行数据建模分析。

第 4 章为使用 NumPy 进行数据计算，介绍 NumPy 的数组对象及 NumPy 的运算操作。

第 5 章为使用 pandas 进行数据分析，介绍 pandas 的基本操作及分析方法。

第 6 章为 Excel 和 Power BI 数据可视化，分别介绍如何使用 Excel 和 Power BI 进行数据可视化。

第 7 章为使用 Matplotlib 进行数据可视化，介绍 Matplotlib 的基本图形元素及典型图形绘制。

第 8 章为机器学习基础，介绍分析机器学习中的分类分析、聚类分析和关联规则分析。

第 9 章为实践案例，介绍电商网站用户行为分类分析和文本聚类分析两个案例。

本书内容深入浅出，涵盖大量理论知识的同时设立了相关实践运用的实训内容，旨在帮助读者进行理论、实践两方面的学习，从而使读者构建完备知识体系的同时获得一定的解决实际问题的能力。

本书由成都信息工程大学的安俊秀教授及中国科学院计算技术研究所的陶鼎文研究员合作，并由成都信息工程大学的潘益民、袁明坤、毛柯、卫宣伶、李雨航等共同编写。其中第 1 章、第 3 章由毛柯、安俊秀编写，第 2 章由李雨航、陶鼎文编写，第 4 章、第 5 章、第 7 章由袁明坤、安俊秀编写，第 6 章、第 9 章由潘益民、安俊秀编写，第 8 章由卫宣伶、陶鼎文编写。安俊秀、潘益民、卫宣伶对全书进行了审校。本书的编写和出版还得到了国家社会科学基金项目（22BXW048）和四川省网络文化研究中心重点项目（WLWH22-2）的支持。

尽管在本书的编写过程中，编者力求严谨、仔细，但由于技术的发展日新月异，加之编者水平有限，书中难免存在不足之处，敬请广大读者批评指正。

为了便于学习和使用，我们提供了本书的配套资源。读者可以扫描下方的二维码关注"信通社区"公众号，回复数字 65732 获得配套资源。

"信通社区"二维码

编者

2025 年 3 月于成都信息工程大学

目　录

第1章 大数据分析基础

当今社会迅速发展，科技的飞速进步和信息的快速流动使人们之间的交流更为紧密，生活也更加便利。在这样的背景下，大数据应运而生。简而言之，它能够分析我们的喜好，为我们提供个性化的服务；同时能帮助企业收集客户的偏好，从而分析客户的需求，对未来的市场走向进行预测等。大数据被称为 21 世纪综合类革命的动力源，是一个国家提升综合竞争力的又一关键资源。

1.1 大数据分析的基本概念

大数据分析是一个用于分析、处理和存储来自多个来源的大规模数据集的领域。当传统的数据分析、处理和存储技术不能满足需求时，通常需要采用大数据解决方案。

1.1.1 大数据的定义与发展历程

大数据是指规模巨大、复杂多样，并且无法通过传统软件工具在合理时间内进行有效的获取、处理和管理的数据集合。大数据需要新的处理模式来捕捉、管理和分析这些数据集。

大数据不是凭空产生的，而是有着自己的发展过程。大数据的发展大致经历了 3 个重要阶段：萌芽时期、发展时期和大规模应用时期。下面对这 3 个发展阶段进行简单介绍。

（1）萌芽时期（20 世纪 90 年代至 21 世纪初）

20 世纪 90 年代至 21 世纪初，互联网和信息技术开始快速发展，为大数据的产生奠定了基础。在这个时期，数据的生成和存储技术取得了显著进步。硬盘容量的不断提升和数据库管理系统（如 Oracle、MySQL 等）的广泛应用，使大规模数据存储和管理成为可能。互联网的快速普及产生了大量的数据，特别是用户行为数据和网络日志数据，成为早期大数据的主要来源。同时，数据分析工具和商业智能（BI）工具开始进入市场，帮助企业利用数据进行决策支持和业务分析。这一时期，大数据虽然尚未成为一个广泛认知的概念，但其基础设施和技术框架逐步成型。

（2）发展时期（21 世纪初至 2010 年）

21 世纪初，大数据的概念被提出并逐渐被人类接受，技术和应用也开始逐步成熟。这一时期的一个重要标志是大数据技术框架的出现，例如 Hadoop 和 MapReduce，它们使处理和分析大规模数据成为可能，并且成本相对较低。社交媒体和移动互联网的迅速普及产生了海量的用户生成内容和地理位置数据，极大地丰富了数据的种类和规模。与此同时，快速发展的云计算平台（如 AWS）提供了弹性、可扩展的数据存储和计算能力，使大数据处理更加经济和高效。企业开始认识到大数据的商业价值，逐步将其应用于市场营销、客户关系管理、风险控制等领域，推动了商业智能和数据驱动决策的兴起。

（3）大规模应用期（2011 年至今）

自 2011 年以来，大数据技术和应用进入了一个全新的阶段，在各个行业和社会领域得到广泛应用。智能化和自动化应用成为这一时期的显著特点，大数据驱动的人工智能（AI）和机器学习（ML）技术在各个领域得到了广泛应用，例如推荐系统、预测分析、自然语言处理等。实时流数据处理技术（如 Apache Kafka、Spark Streaming 等）的发展，使企业能够实时分析和处理数据，提升了企业决策的效率和业务响应速度。大数据技术在金融、医疗、制造、交通、零售等各个行业的深度应用，推动了各行业的数字化转型和创新。此外，随着大数据应用的深入，数据隐私、安全和伦理问题越来越受到关注，相关的法规和标准逐渐完善，旨在保护用户隐私和数据安全。在这一时期，大数据的大规模应用深刻影响着社会的各个方面。

1.1.2　大数据的特征

大数据具有 5 个核心特征（简称 5V）。这些特征是大数据的核心属性，描述了大数据的规模、多样性、价值、速度和真实性，如图 1-1 所示。

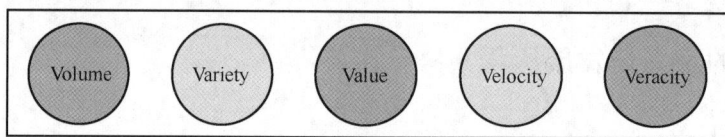

图 1-1　大数据的 5 个核心特征

下面对每个特征进行详细讲解。

（1）数据量（Volume）

数据量是指大数据的规模，可以从数百 TB 到数百 PB，甚至达到 EB 的级别。大数据的显著特征在于其巨大的数据量，远远超出了传统数据处理方法的处理能力。

为了有效处理这一规模的数据，必须借助先进的分布式计算和存储技术，如 Hadoop 和云计算等。分布式计算允许在多个计算节点上同时处理大数据集，以实现更快的计算速度和更高的处理效率。Hadoop 作为一种分布式存储和计算框架，能够有效地管理和处理大规模数据，提供了容错性和可伸缩性。这些先进的技术不仅提高了数据处理的速度和效率，也为大数据的应用提供了坚实的基础。

（2）数据多样性（Variety）

数据多样性是指数据的类型和格式多样化。处理大数据的技术，必须具备处理和分析各种类型和格式数据的能力，这是因为不同类型的数据具有不同的特征。结构化数据通常以表格和数据库的形式存在，可以使用传统的查询语言轻松处理。然而，非结构化数据的形式多样化，不同的处理方法和工具可能需要针对不同的数据类型进行优化。

因此，对于大数据的处理而言，数据多样性的概念强调了数据的类型或格式不是单一的，而是丰富多彩的。只有具备处理多样化数据的技术和方法，才能充分发挥大数据的潜力，使数据使用者获得更为全面而深入的信息洞察。

（3）数据价值（Value）

数据价值表示在大数据中蕴含着丰富的价值，对大数据进行分析和挖掘，可以为企业带来巨大的商业潜力。更具体地说，大数据的价值体现在能够通过深入分析和挖掘数据，发现隐藏在数据海洋中的模式、趋势和关联性，从而为制定决策和创新提供有力的支持。

在商业领域，大数据的分析可以促使创新，为企业带来新的商业模式和产品。通过对客户行为的深入了解，企业可以优化产品设计、改进市场营销策略，提高客户满意度。此外，大数据能够为企业提供更加精准的风险评估和预测能力，有助于企业制定更可靠的商业战略。

（4）数据速度（Velocity）

数据速度涉及数据的产生和传输速度，特指需要在特定的时间内迅速而及时地对大数据进行处理。随着社交媒体的蓬勃发展及物联网设备的广泛应用，人与设备产生的数据呈指数级增长。为了充分利用这些海量数据，大数据系统必须具备高速处理持续大量增长的数据的能力。

数据速度不仅是数据处理的一个方面，更是大数据应用中至关重要的一个要素。在数据的获取、处理和分析的各个环节都需要快速而高效的操作，以确保企业和组织能够在激烈的市场竞争中保持敏捷性，作出精准而及时的决策。这种迅速而灵活的数据应用能力，对于适应现代社会中信息快速传递和变化，具有重要的战略价值。

（5）数据真实性（Veracity）

数据真实性是指在处理数据时必须确保结果具有一定的准确性。在大数据环境中，用户经常会面临大量噪声、错误和不准确的数据。大数据的复杂性和多样性使数据真实性面临挑战。

数据真实性依赖于一系列的操作，包括清洗、验证和校正。只有在数据真实性得到充分保障的情况下，用户对数据进行处理和分析的结果才准确、可信。

1.1.3　大数据分析面临的挑战

随着大数据研究工作的不断深入，问题和挑战逐渐显现出来。大数据分析目前主要面临以下挑战。

（1）数据的准确性和一致性

大数据的源头多种多样导致数据形式也呈现多样化，如结构化和非结构化的数据。在这种多样性的数据中，数据质量存在问题是不可避免的。噪声、错误、不一致性和缺失值等问题可能在数据采集的过程中产生。为了确保大数据的准确性和一致性，我们必须重视数据采集和清洗工作。

（2）数据隐私和安全

大数据往往包含敏感信息，如个人身份、财务数据等。在分析大数据时，必须处理和存储这些数据，相关操作应符合相关法规和标准的要求。同时，泄露和滥用数据可能需要承担法律责任和导致他人利益受损。因此，有必要采取加密、访问控制等安全措施来确保数据的安全。

（3）处理速度和实时性

大数据的高速产生和对实时性的要求给传统数据处理方法带来了巨大挑战。为了满足大数据的实时处理和分析需求，实时流处理技术应运而生。实时流处理技术允许数据在产生时，就对它们进行即时处理和分析，而非等待数据集积累完成再进行操作。实时流处理技术包括流式处理引擎，如 Apache Kafka、Apache Flink 和 Spark Streaming 等。另外，近年来兴起的边缘计算也为解决实时处理需求带来了新思路。边缘计算将计算和数据存储推向数据源头，可以在接近数据产生的地方进行处理和分析，从而减少传输延迟，提高实时性。

这些新技术和工具的发展还涉及更高效的算法设计和优化，以应对大数据实时处理的挑战。因此，为了满足大数据处理和分析的高速、实时性需求，持续不断地开发并优化实时处理和分析技术成为当今大数据领域的重要任务之一。

（4）技术基础设施

处理大数据需要强大的计算和存储基础设施。为此，需要高性能的计算资源，以及可扩展的存储解决方案，如分布式文件系统或对象存储系统。这些硬件组件需要按照特定的配置集成，以满足大规模数据处理和存储的需求。

软件基础设施也是构建大数据处理系统的关键组成部分，包括数据管理系统、分布式计算框架、数据处理工具和安全性保障机制。

然而，保证这些基础设施的可伸缩性也是一个挑战。因此，需要不断优化和调整基础设施，采用有效的负载均衡和自动化机制，以确保系统的可伸缩性和高性能。维护基础设施也需要专业的技术团队，他们能够持续监控系统运行状况，进行故障排除和性能优化。

（5）多样性和复杂性

大数据的复杂性体现在其包含多种类型的数据，其中包括结构化、半结构化和非结构化数据。处理这些多样性的数据是一项复杂的任务，因为不同类型的数据需要采用不同的处理方法和技术。对于结构化数据，使用传统的关系数据库管理系统（RDBMS）进行存储和查询。对于半结构化数据，使用 NoSQL 数据库或文档型数据库进行有效存储和检索，这些数据库模型更灵活，能够适应数据结构的变化。对于非结构化数据，需要使用特定的技术，如自然语言处理（NLP）、图像识别等进行处理。

此外，大数据处理还需要考虑数据的规模和实时性。因此，分布式计算和并行处理变得至关重要，例如使用 Apache Hadoop 和 Apache Spark 等框架。

（6）成本和投资

大数据项目的资金投入涉及多个方面，如硬件、软件、培训和人员等。然而，庞大的资金投入并不一定能够保证项目的成功，因此确保投资能够实现回报并为业务创造实际价值成为一个关键的挑战。首先，需要制订项目的目标和预期效益；然后，在项目启动初期进行详细的投资回报率分析，评估投资和收益之间的关系；最后，在整个项目实施过程中要进行严格的项目管理和监控。

总之，要确保大数据项目的资金投入能够创造实际价值，需要在项目规划、管理和执行的各个阶段进行精心考虑。只有实施全面的战略规划和严密的项目监控，才能最大化资金投入的效益，为企业带来可持续的竞争优势。

（7）技术人才

大数据领域的复杂性对人才能力提出了很高的要求，即具备深厚的理论知识和丰富的实践经验的跨学科人才。随着大数据应用领域的不断扩展，企业对具备跨学科技能的专业人才的需求日益迫切，而这进一步加剧了人才短缺的困境。

解决这一挑战的方法之一是通过教育和培训来培养新一代的专业人才。学校应为学生提供跨学科的课程和实践机会，使其能够获得广泛的知识。同时，行业内部也需要提供更多的培训和发展机会，以帮助现有专业人才不断更新知识和提升技能。

（8）伦理和法规

大数据分析可能涉及收集、处理和使用个人信息，对个人信息的处理和使用必须遵守伦理准则和相关法规。

首先，企业需要建立明确的伦理框架，确保数据的收集、处理和使用是在合理、透明和公正的基础上进行的。其次，随着隐私和数据保护法规的不断完善，企业需要密切关注并遵守相关法规。

总体而言，大数据分析在收集、处理和使用个人信息时必须谨慎，遵循伦理准则和相关法规是确保企业数据处理和使用活动合法、道德的关键步骤。这不仅有助于建立用户信任，还能降低企业面临的法律风险，为可持续发展创造健康的数据生态环境。

综上所述，随着数据规模的扩大和数据类型的多样化，大数据分析面临着诸多挑战。针对这些挑战，需要采取综合的措施，包括技术创新、制定和实施管理策略、遵从法规等进行解决。只有克服这些挑战，才能确保大数据分析的成功实施和持续发展。

1.2　大数据分析方法与技术

在日常生活与工作中，越来越多的应用涉及大数据。大数据的复杂性体现在其多样性和规模等属性上。因此，在大数据领域，分析方法与技术显得尤为关键，甚至可以说它们直接决定了最终信息是否具有价值。

大数据分析方法与技术包括数据采集、统计分析和数据挖掘等多个方面，旨在从大数据中提取有价值的信息。具体而言，在数据采集阶段，使用 ETL 工具将分布在不同地方、异构数据源中的数据抽取到临时中间层进行清洗、转换和集成，最终将其加载到数据仓库或数据集市中。这些经过处理的数据成为联机分析处理（OLAP）和数据挖掘的基础数据。这一过程的有效性直接关系到最终分析结果的质量与实用性。

1.2.1　统计分析与描述性统计分析

统计分析是数据科学领域中的重要工具，它通过多种技术手段来解读数据，帮助研究人员深入理解数据的内在特征。其中，假设检验、显著性检验和差异分析等方法为研究人员提供了深入了解数据内在特征的途径。然而，随着信息时代的到来，大数据统计分析成为一项迫切的需求。大数据统计分析旨在利用统计学方法深入挖掘庞大数据集中的潜在信息，从而揭示数据中隐藏的模式、趋势和关联性。大数据统计分析包括描述性统计分析、推断统计分析和预测统计分析等多种方法。下面仅介绍描述性统计分析。

描述性统计分析是大数据领域中重要的数据探索工具之一，其目的在于对数据集的基本特征进行全面而系统的总结。从而为进一步的数据挖掘和分析奠定基础。在大数据环境中，这种分析往往需要借助分布式计算框架和高效的算法，以适应海量数据的处理需求。

在描述性统计分析中，关键的统计指标包括中心趋势测量、分散程度测量和分布形状度量。中心趋势测量包括均值和中位数，用于表示数据的集中程度。分散程度测量通过标准差和四分位距来描述数据的离散程度。分布形状度量则通过偏态和峰度来揭示数据分布的形状特征。这些指标提供了数据洞察的多个角度，使分析人员能够更全面地理解数据的特征。

描述性统计分析不仅涉及数值计算，还包括可视化工具的广泛应用。直方图是一种常见的展示数据分布的图表，通过划分数据区间并绘制条形图，直观地展示数据的频率分布。箱形图通过中位数、四分位数和离群值的显示，提供了对数据整体分布和离散程度的图形展示。概率密度函数图通过曲线图形象地呈现数据的概率分布。这些可视化工具使数据分析更为生动和易懂。

此外，在大数据环境中，描述性统计分析需要借助先进的分布式计算技术。MapReduce和 Spark 是常用的分布式计算框架，它们能够有效地处理大规模数据集。Hive 和 Pig 等高级查询语言为大数据提供了便捷的处理方式。这些工具的应用使得在大数据背景下进行描述性统计分析更为高效和可行。

在进行描述性统计分析之前，必须进行数据清洗，以处理可能存在的缺失值、异常值和重复值，确保分析结果的准确性。对于大规模数据集，采用合适的采样方法能够在提高计算效率的同时保持数据的代表性。综合运用这些方法和工具，描述性统计分析为研究人员提供了深入理解数据特征的有力工具，为后续推断统计分析和预测统计分析奠定了坚实的基础。

1.2.2　可视化分析

大数据分析的用户群体涵盖专业人员和普通用户两个主要方向。专业人员通常具备深厚的统计学、计算机科学等领域知识，他们通过高级算法和复杂模型进行深度挖掘和分析。而普通用户可能并非专业从业人员，他们的需求更多集中在从数据中获取实用信息，以便作出明智的决策。因此，无论用户的专业程度如何，他们对大数据分析的可视化工具的需求都是共通的。

可视化分析在大数据分析中扮演着至关重要的角色。即便是专业人员，也需要通过直观的图形界面来更好地理解数据结构和趋势。对于普通用户来说，可视化分析更是连接他们与庞大数据背后信息的纽带。图表、地图和仪表盘等可视化工具，以对用户友好的方式将抽象的数据转化为具体的见解，使数据分析不再是专业人士的专属领域，而是变得更加普及和易懂。

可视化分析的另外一个关键优势在于它能够帮助用户更直观地发现数据中隐藏的信息。通过直观的图表和图形，用户可以快速识别趋势、异常值或者规律，这些在海量数据中可能难以通过传统的数值分析方式得出。这种直观的发现过程有助于用户更深入地了解数据的本质，为决策提供更全面的支持。

通过数据可视化，分析结果变得更易于共享和传达。普通用户可以轻松分享直观的图表和可视化报告，而不必深陷于术语或复杂的统计模型。这种简便性使大数据分析的成果更容易被团队内的其他成员理解，也为跨部门合作提供了高效的沟通工具。专业人员通过可视化能够将复杂的分析过程清晰地呈现出来，从而提高与非专业人员之间的沟通效率。

总而言之，可视化分析是大数据分析中不可或缺的一环，它不仅是专业人员的工具，更是赋予普通用户理解和运用数据的强大媒介。通过可视化，大数据的力量变得更为普惠，推动了数据驱动决策在各个层面的实现。

在大数据分析中，有许多工具和技术可以用于可视化分析。常见的工具包括 Python 的数据可视化库（如 Matplotlib、Seaborn 和 Plotly）、商业智能工具（如 Power BI 和 Tableau）及专门的可视化分析工具（如 Gephi 和 ECharts）。这些工具提供了广泛的图表和图形类型，用户可以根据需求进行灵活定制。用户可以选择合适的图表类型、颜色、标签等，以确保数据得到最佳的可视化效果。通过这些工具，用户不仅能够创建美观的图表，还能够与数据进行更深入的互动，为决策提供有力的支持。

后续章将会对数据可视化的常见工具进行详细介绍。

1.2.3　数据挖掘与机器学习

数据挖掘是从大量数据中发现有价值的信息的过程，它包括分类、估计、预测、相关性分组或关联规则、聚类、描述和可视化，以及复杂数据类型（如文本、网页、图像、视频、音频等）的挖掘。数据挖掘为我们从海量数据中提炼模式、趋势和规律提供了有效方法。

机器学习是人工智能的一个分支领域，它利用算法和统计模型，使计算机系统能够从数据中学习，并自动改善和适应。通过对大量数据进行训练和分析，机器学习算法可以识别和学习数据中的模式和规律，并利用这些模式和规律作出预测或决策。机器学习被广泛应用于图像和语音识别、自然语言处理、推荐系统、金融市场分析等领域，已经取得了显著的成果，并且在不断发展和进步。

数据挖掘与机器学习关系密切。机器学习是数据挖掘的重要工具，它通过从数据中学习来提取有用的知识。数据挖掘是一系列处理过程，旨在从大量的数据中挖掘出所需或意外的信息。数据挖掘利用机器学习技术来分析数据，机器学习则可以通过从数据中学习来解决各种问题。数据挖掘的应用领域非常广泛，而机器学习被视为统计学习的一种更为通用的方法。可以说数据挖掘和机器学习是相互依赖和相互支持的关系。

1.3　Python 解释器与数据分析环境

计算机中央处理器(CPU)只能读懂 0 和 1 这样的二进制文件，所以需要一种工具将 Python 程序解释成计算机可以读懂并执行的二进制文件，这个工具就是 Python 解释器。Python 程序的转换流程如图 1-2 所示。总而言之，Python 解释器是运行 Python 程序的关键组件。通过调用 Python 解释器，我们可以执行 Python 程序、传递参数、进入交互模式、在不同的运行环境中运行 Python 程序，以及使用不同的编码格式来表示 Python 程序的源代码。

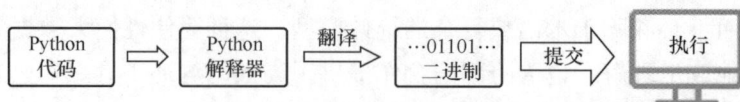

图 1-2　Python 程序的转换流程

其中，Python 解释器由一个编译器和一个虚拟机构成，编译器负责将 Python 代码转换成字节码，而虚拟机负责执行字节码。因此，解释型语言实际上也经历了编译过程，但与直接生成目标代码不同，它生成的是中间代码（字节码），然后通过虚拟机来逐行解释执行字节码。

1.3.1　安装 Python 解释器

Python 解释器是一种计算机程序，其任务是翻译 Python 代码并将其提交给计算机执行。我们将详细介绍在 Windows 系统和 Mac 系统中如何安装 Python 解释器，即如何搭建 Python 环境。

接下来先对在 Windows 系统中如何安装 Python 解释器进行说明。

① 首先打开浏览器，在搜索栏中输入 Python 的官方网址，在搜索结果页面中找到并单击 Python 官网链接，进入官网后的界面如图 1-3 所示。

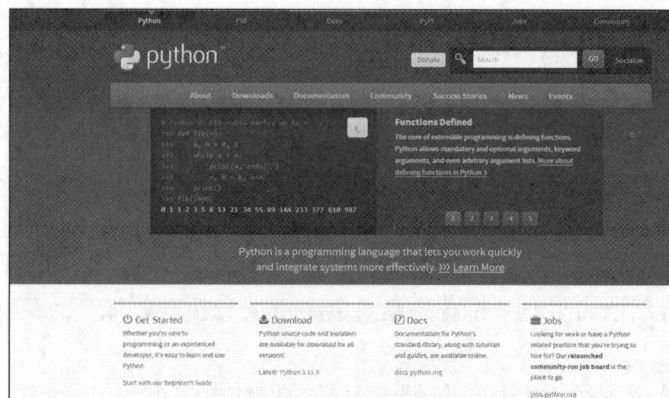

图 1-3　Python 官网界面

② 单击 "Downloads" 选项，进入下载界面，如图 1-4 所示。其中最上方为目前最新版本，下方为历史版本信息。单击 "Download Python 3.10.4" 按钮即可下载。

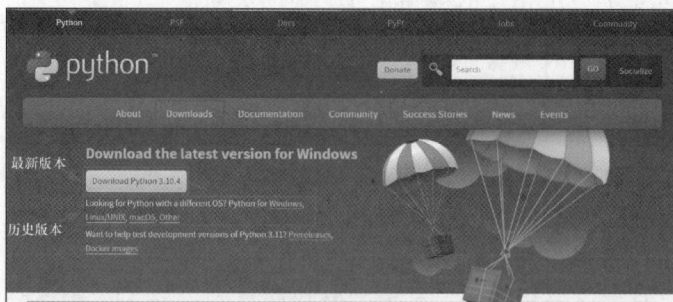

图 1-4　下载界面

③ 下载完成，打开文件管理器，找到下载好的 Python-3.10.4.exe 文件并双击打开。接下

来以版本 3.10.4 为例进行安装。打开文件后，界面如图 1-5 所示，此时需要在打开的对话框中勾选"Add Python 3.10 to PATH"复选框。随后单击方框中的"Customize installation"选项进行自定义安装。

④ 此处只需要默认全选，单击"Next"按钮，如图 1-6 所示。

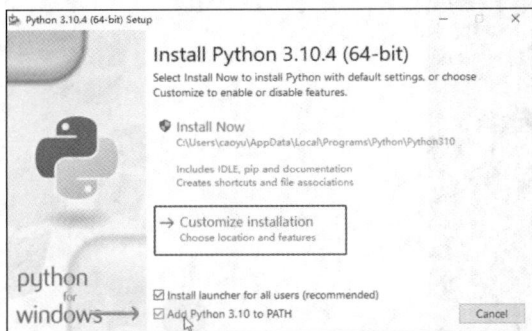

图 1-5　自定义安装展示

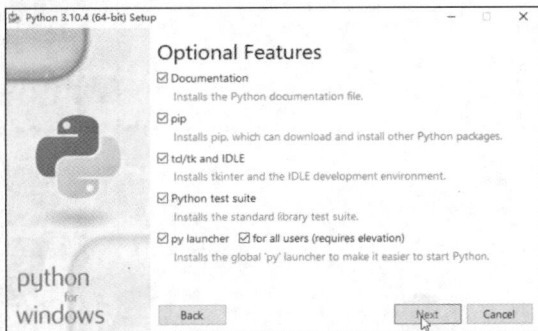

图 1-6　选项默认全选

⑤ 可以看到默认的安装路径比较长，不利于我们后续找到 Python 的安装文件夹，所以先单击"Browse（浏览）"按钮，在弹出的图 1-7 所示的界面中选择安装路径，并单击"确定"按钮。随后可以看到安装路径即我们指定的路径，此时单击"Install"按钮并确认，即可完成安装，如图 1-8 所示。

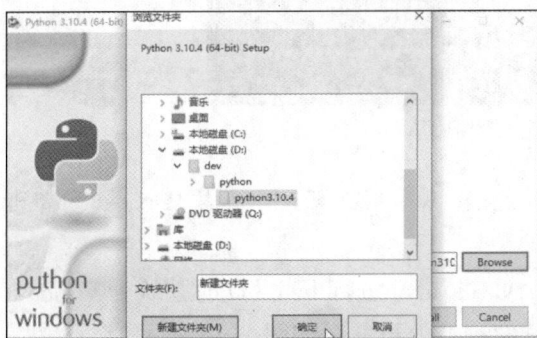

图 1-7　选择安装路径

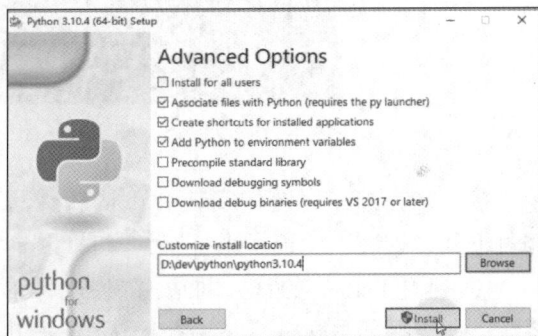

图 1-8　确认安装

⑥ 安装完成后，单击图 1-9 中的选项关闭路径长度限制。在弹出来的界面中单击"是"按钮即可，如图 1-10 所示。此时，Python 就算安装完成了。

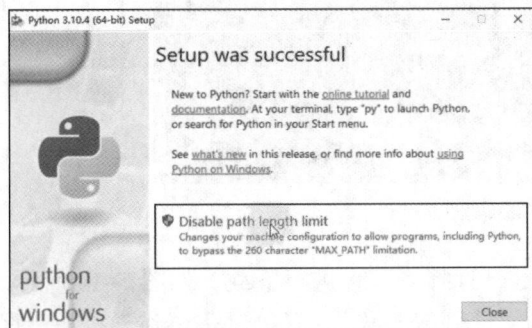

图 1-9　关闭路径长度限制

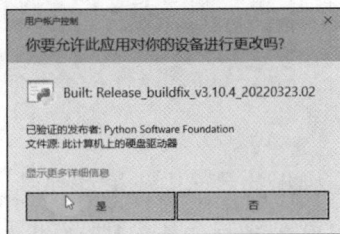

图 1-10　安装完成

⑦ 安装完成后可以进行验证，查看 Python 能否正常运行。单击"开始"菜单，输入"cmd"并进行搜索，如图 1-11 所示，在弹出的"命令提示符"界面输入"python"，并按"Enter"键，如果能够看到安装的 Python 版本信息，如图 1-12 所示，就表明 Python 解释器安装成功。

图 1-11　搜索并打开命令提示符

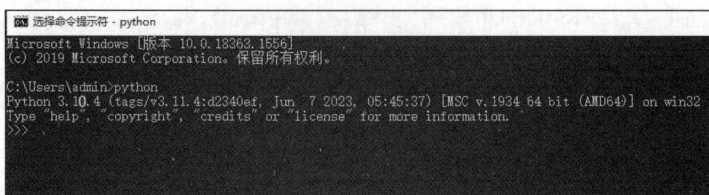

图 1-12　检测是否安装成功

接下来在 Mac 系统中安装 Python 解释器，步骤和在 Windows 系统中安装基本一致，都要经过下载、安装、验证 3 个环节，具体步骤如下。

① 打开 Python 的官方网站，随后同样单击"Downloads"进行下载，此时默认为 Windows 系统，所以需要单击 macOS 进行 Mac 系统 Python 解释器的下载，如图 1-13 所示。

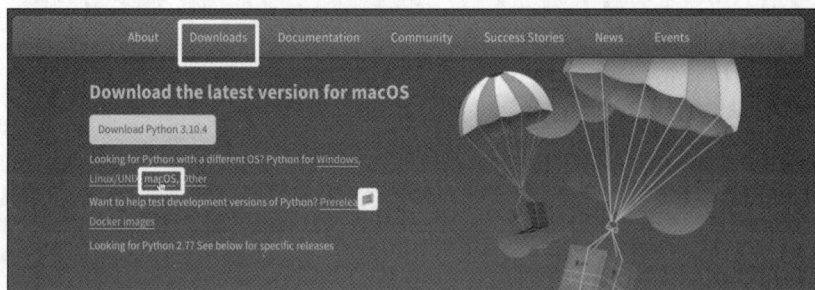

图 1-13　Mac 系统下载界面

② 在弹出的界面中，拖动到最下方的 Files 处，选择安装包进行下载，如图 1-14 所示。

③ 下载完成后，单击下载好的后缀为.pkg 的文件进行安装。一直单击"继续"按钮，直到弹出同意软件许可协议中的条款界面。

图 1-14　选择安装包

④ 在"安装 Python"界面，单击"安装"按钮进行安装，如图 1-15 所示。此时输入自己的系统密码后便可进行安装。完成安装后，可以保留安装包，也可以将其移入回收站。

⑤ 完成安装后，验证是否安装成功。首先搜索 terminal.app 打开终端，如图 1-16 所示。在弹出的界面中输入 python3。注意此处和 Windows 系统下不同，需要带上版本 3。

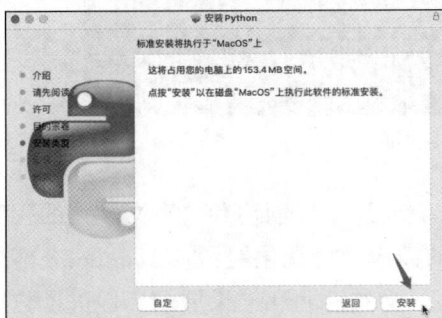

图 1-15　安装流程展示

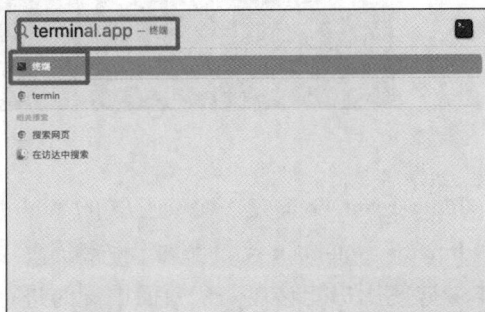

图 1-16　打开终端

⑥ 按"Enter"键后显示安装的 Python 版本信息就表明已经安装成功，如图 1-17 所示。

图 1-17　检测是否安装成功

1.3.2　安装 IPython 与 Jupyter Notebook

IPython 是一个增强型的 Python 交互式 Shell，相比于默认的 Python Shell，它提供了更多的功能和便利性。IPython 支持变量自动补全、自动缩进，并且能够执行 bash shell 命令。此外，IPython 内置了许多实用的功能和函数，使用户能够更高效地使用 Python 进行科学计算和可视化交互，因此本书也将对 IPython 的安装进行讲解。

安装 IPython 很简单，可以直接使用 Python 的包管理工具——pip。需要特别注意的是，在 Linux 操作系统中，普通用户需要在执行安装命令前加 sudo 命令以获取 root 权限。

IPython 的安装步骤如下。

① 单击"开始"菜单打开菜单栏，输入"cmd"并进行搜索，在弹出的"命令提示符"界面输入"pip install ipython"命令，并按"Enter"键，系统便会自动下载并安装，如图 1-18 所示。

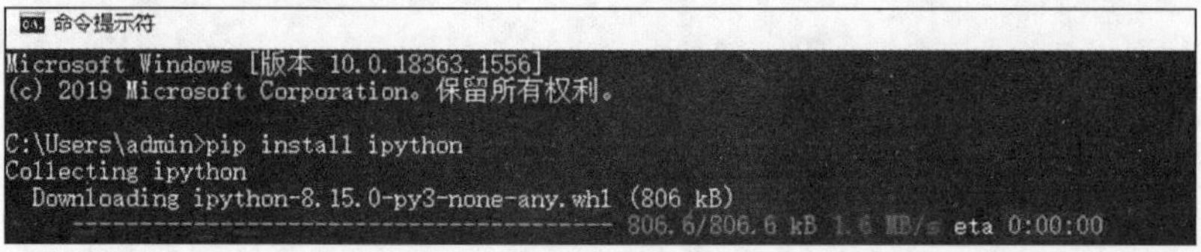

图 1-18　安装 IPython

② 安装完成后输入"ipython"，并按"Enter"键，便可以进入 IPython 环境，如图 1-19 所示。想要退出，输入"exit"或者"quit"即可。

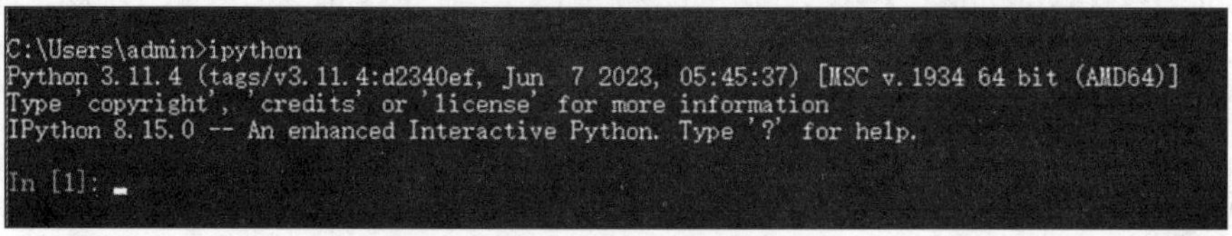

图 1-19　IPython 使用界面

Jupyter Notebook 是一个交互式的 Web 应用程序，它允许用户创建和共享文学化的程序文档。Jupyter Notebook 支持实时代码编辑、数学方程的插入、可视化展示及 Markdown 格式的文本。这使用户能够在一个界面中同时进行代码编写、文本说明和结果展示，促进了数据科学、机器学习等领域的研究和开发工作。Jupyter Notebook 是数据分析常用的应用程序，运行方法非常简单，只需在使用的文件夹中输入"jupyter notebook"。接下来将对 Jupyter Notebook 的安装进行讲解。

① 单击"开始"菜单打开菜单栏，输入"cmd"进行搜索，在弹出的"命令提示符"界面输入"pip install jupyter notebook"命令，系统便会自动下载并安装，如图 1-20 所示。

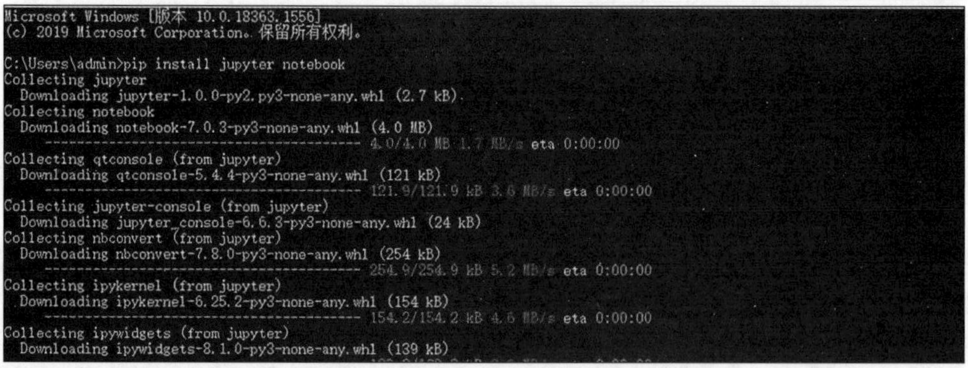

图 1-20　安装 Jupyter Notebook

② 安装完成后，输入"jupyter notebook"命令，并按"Enter"键，便可以启动 Jupyter Notebook，如图 1-21 所示。

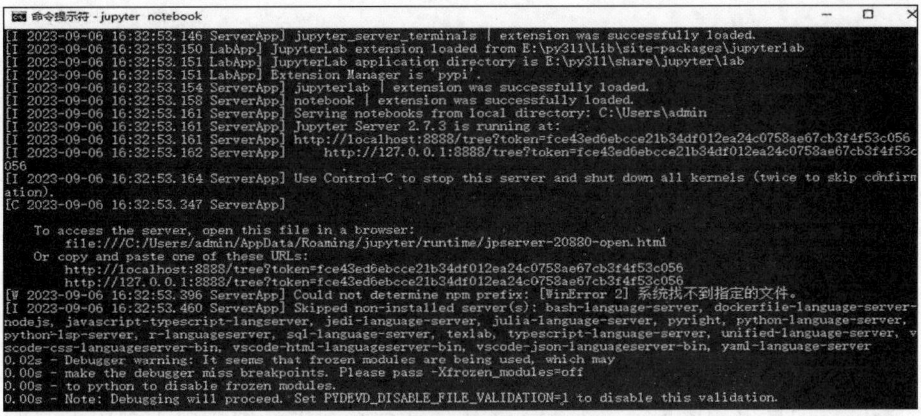

图 1-21　启动 Jupyter Notebook

③ 接下来 Jupyter Notebook 会在默认的浏览器中打开，如图 1-22 所示。如果没有自动打开，可以在浏览器中输入"http://localhost:8888/tree"来访问。

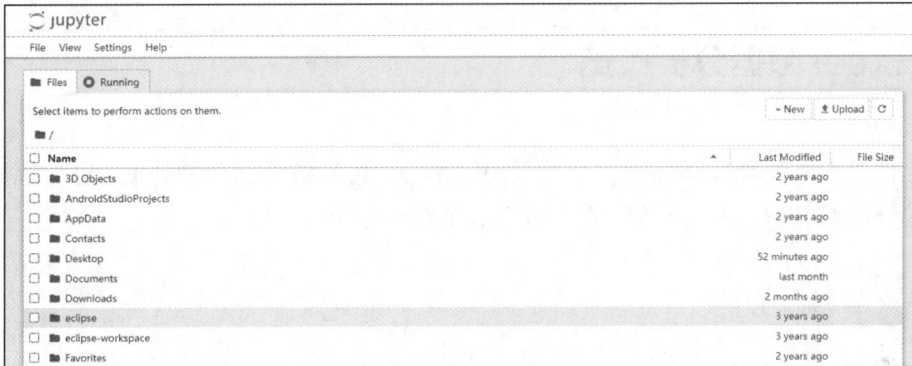

图 1-22　Jupyter Notebook 运行界面

出现以上界面就说明安装成功了。至此，IPython 与 Jupyter Notebook 均安装完成。

习　题

1. 什么是大数据？
2. 简述大数据的特征。
3. 大数据分析在哪些领域得到了广泛应用？
4. 简述大数据分析面临的挑战。

第 2 章　Excel 数据分析技术

Excel 数据分析是指使用 Microsoft Excel 软件处理和分析数据。用户利用 Excel 提供的各种功能（包括函数、筛选、排序、图表等）对数据进行整理、分析和展示，从而能够更好地理解数据的含义，发现数据中隐藏的规律、趋势以及相互间的关系，最终作出更好的决策。本章将对 Excel 中的相关概念、函数、工具及图表进行详细的介绍。

2.1　Excel 数据分析概览

Excel 是微软办公套装软件的一个重要组成部分，它具备处理各种数据、进行统计分析和支持决策操作的功能，被广泛地应用于管理、统计等领域。

2.1.1　Excel 基本介绍

Excel 具有直观的界面、强大的计算功能和丰富的图表，是非常流行的个人计算机数据处理软件之一。自 1993 年作为 Office 套件的组件发布 5.0 版本以来，Excel（见图 2-1）便开始崭露头角，逐渐成为电子制表软件领域的佼佼者。

图 2-1　Excel 图标

Excel 的主要特点如下。

① 可以进行数据清洗和整理：Excel 提供了一系列功能和工具来清洗和整理数据，如去除重复值、填充空白单元格、合并和拆分单元格、更改数据格式等。

② 可以进行数据筛选和排序：Excel 的筛选功能允许用户根据特定条件过滤数据，只显示符合条件的数据行。用户还可以根据列的值对数据进行排序，使数据更易于查看和分析。

③ 拥有丰富的公式和函数：Excel 拥有丰富的公式和内置函数，用户可以进行各种数值计算和数据操作。

④ 具备数据透视表功能：用户利用 Excel 的数据透视表，可以对大量数据进行汇总、分组和摘要，并根据不同的维度进行数据切片和钻取，从而在 Excel 中实现复杂的数据探索。

⑤ 提供多种可视化方式：Excel 提供了多种图表类型，如柱形图、折线图、饼图等，用户可以将数据以图形化的方式展示出来。数据可视化能够帮助用户更直观地理解数据的趋势、关系和模式。

⑥ 内置数据分析工具包：Excel 提供了一些内置的高级数据分析工具，如回归分析、相关性分析、差异分析等。这些工具有助于用户深入探索数据之间的关系和趋势，进行更复杂的数据分析。

2.1.2　Excel 中的相关概念

下面介绍 Excel 中的相关概念。

① 工作簿：一个 Excel 文件就称为一个工作簿，一个工作簿可以包含若干张工作表，如图 2-2 所示。

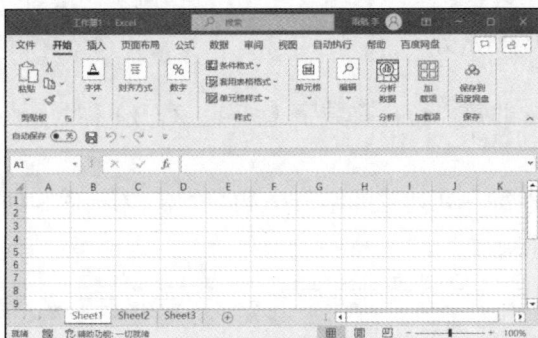

图 2-2　工作簿示例

② 工作表：工作簿中的每一张表格称为工作表，每张工作表都有一个标签，默认为"Sheet1""Sheet2""Sheet3"（一个工作簿默认由 3 张工作表组成），如图 2-3 所示。

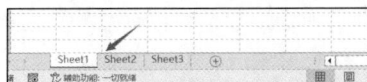

图 2-3　工作表示例

③ 单元格：工作表的每一个格称为一个单元格，如图 2-4 所示。

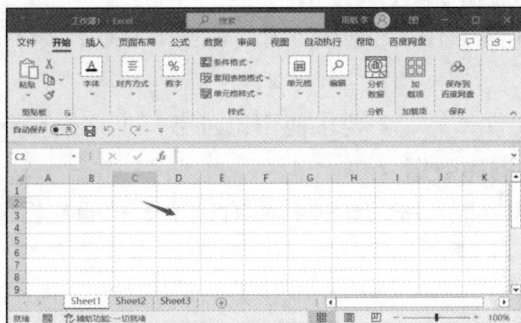

图 2-4　单元格示例

④ 活动单元格：工作表中带外框的单元格叫活动单元格，又称为当前单元格或激活单元格，如图 2-5 所示。

⑤ 单元格区域：由多个单元格组成的矩形区域称为活动单元格区域或表格区域，如图 2-6 所示。

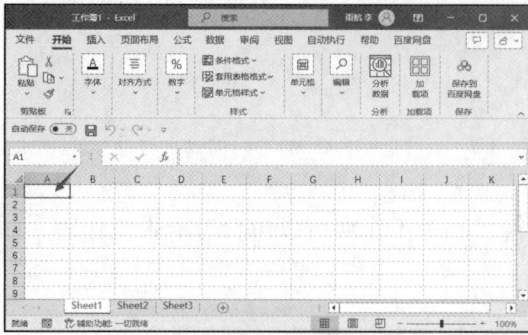

图 2-5　活动单元格示例　　　　　　　　　图 2-6　单元格区域示例

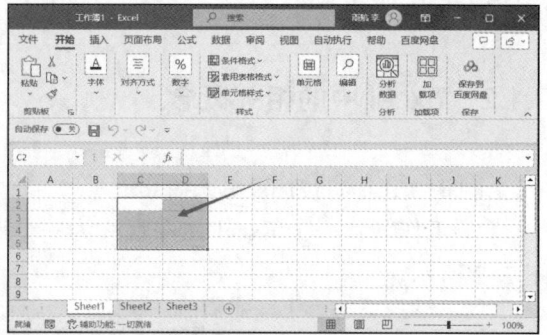

⑥ 行标题：工作表中的每一行行首数字（如 1、2、3）称为行标题，如图 2-7 所示。一张工作表最多有 65536 行。

⑦ 列标题：工作表中每一列列首的字母（如 A、B、C）称为列标题，如图 2-8 所示。一张工作表最多有 256 列。

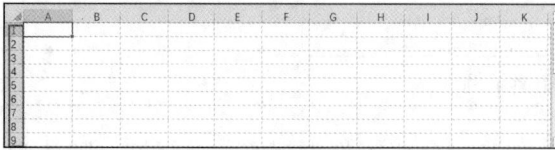

图 2-7　行标题示例　　　　　　　　　　　图 2-8　列标题示例

2.1.3　获取外部数据

使用 Excel 获取外部数据的方式有以下两种。

1. 获取文本数据
文本数据有以下两种常用的文本文件格式。

① 带分隔符的文本文件（.txt）：通常使用制表符（ASCII 字符代码 009）作为文本字段之间的分隔符。

② 逗号分隔的文本文件（.csv）：要求使用逗号字符（,）分隔每个文本字段。

2.通过 ODBC 导入数据库数据
ODBC（开放式数据库互联）充当了连接具有结构差异的数据库的桥梁，相当于数据库的一种统一接口。

2.2　Excel 数据探索与描述性分析

在处理和分析数据时，Excel 是一个极其有用的工具，它提供了广泛的功能使用户探索、清洗、分析和呈现数据。数据探索与描述性分析是数据分析过程中的重要步骤，它们能帮助用户理解数据集的基本特征、分布情况及潜在的趋势或模式。通过这些分析，用户可以对数据进行初步了解，为后续进行深入的分析做好准备。

2.2.1　排序和筛选

数据排序和筛选是 Excel 中最常用也最重要的功能之一，它们可以帮助用户从大量数据中快速找出所需信息，从而提高数据处理的效率和准确率。下面对排序和筛选功能进行介绍。

1. 数据排序

（1）按单个条件排序

选择待排序的任意单元格，单击"开始"菜单中的"排序和筛选"按钮，然后选择"升序"或者"降序"的排序方式，如图 2-9 所示。注意：程序会默认首行为列标识。

图 2-9　排序操作

排序结果如图 2-10 所示，成绩按从低到高进行了排序。

图 2-10　排序结果

（2）按多个条件排序

当按某个字段排序时，若出现相同的值，系统将根据次要条件进行排序，以此类推，如图 2-11 所示。

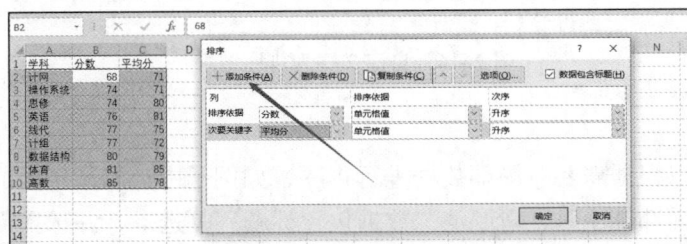

图 2-11　多个条件排序

排序结果如图 2–12 所示，首先按分数排序，当分数相同时比较平均分。

	A	B	C	D	E	F	G	H
1	学科	分数	平均分					
2	计网	68	71					
3	操作系统	74	71					
4	思修	74	80					
5	英语	76	81					
6	计组	77	72					
7	线代	77	75					
8	数据结构	80	79					
9	体育	81	85					
10	高数	85	78					

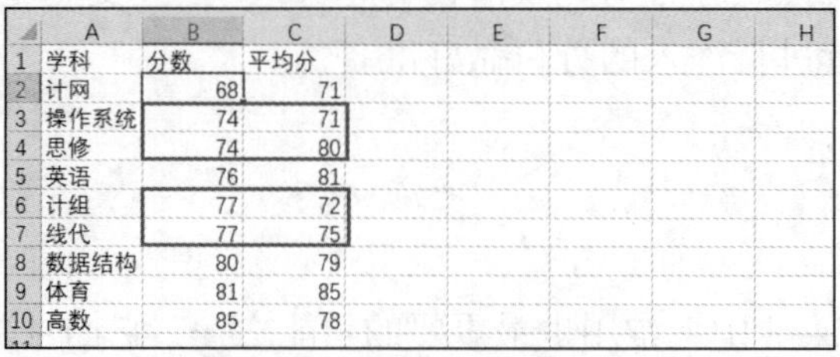

图 2–12　多个条件排序结果

（3）自定义序列排序

在对文本数据进行排序时，当默认的升序（字母从 A 到 Z）和降序（字母从 Z 到 A）排序方式不满足需求时，可以选择自定义排序规则，如例子中按照年级高低进行排序，如图 2–13 所示。

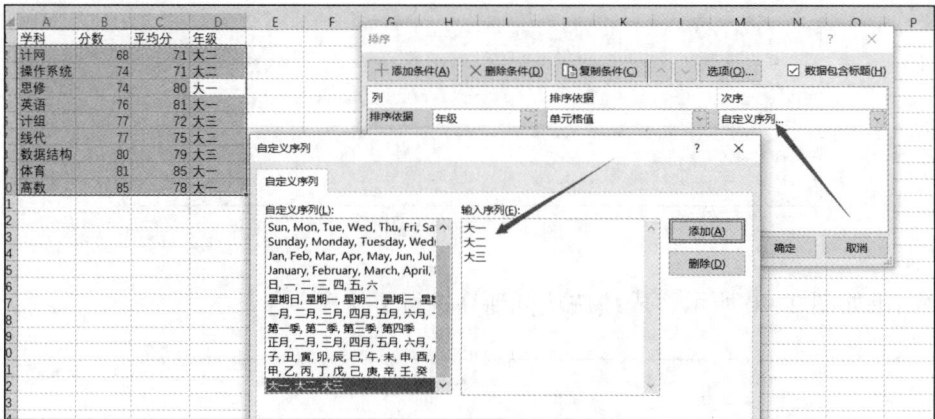

图 2–13　自定义排序

排序结果如图 2–14 所示，自定义年级按照从大一到大三的顺序排列。

	A	B	C	D	E	F	G
1	学科	分数	平均分	年级			
2	思修	74	80	大一			
3	英语	76	81	大一			
4	体育	81	85	大一			
5	高数	85	78	大一			
6	计网	68	71	大二			
7	操作系统	74	71	大二			
8	线代	77	75	大二			
9	计组	77	72	大三			
10	数据结构	80	79	大三			

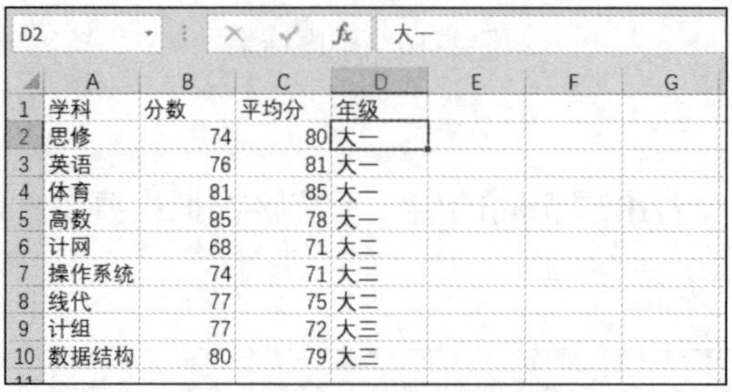

图 2–14　自定义序列排序结果

（4）局部排序

在排序时还可以根据需要对局部数据进行排序，如例子中选取某年级的数据排序。

注意：在进行局部排序时，请取消“数据包含标题”复选框，并选择需要作为关键字的列，如图 2–15 所示。

图 2-15　局部排序

排序结果如图 2-16 所示，对大一学生的分数进行降序排序。

图 2-16　局部排序结果

2．数据筛选

筛选功能是按照设定的条件，将不满足条件的条目暂时隐藏起来。这个条件是由使用者设定的。

（1）数字筛选

数字筛选是根据数值范围或具体数值来筛选数据。首先选择包含数字数据的列，单击"数据"或"开始"菜单中的"排序和筛选"按钮，选择"筛选"。在列标题上单击筛选小箭头，选择"数字筛选"，如图 2-17 所示。

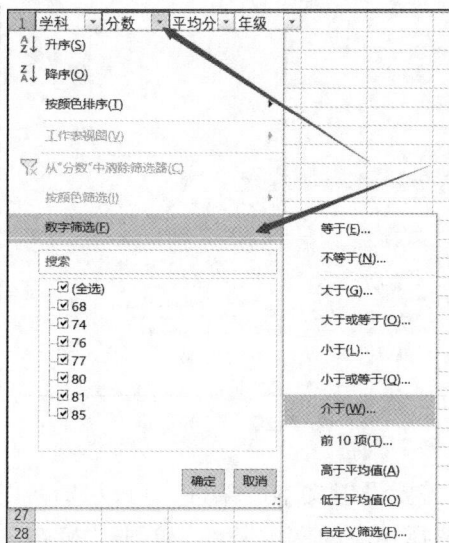

图 2-17　数字筛选

在弹出的窗口中，根据需要设置筛选数值的条件，可以选择大于或等于、小于或等于条件，如图 2-18 所示。单击"确定"按钮进行筛选。

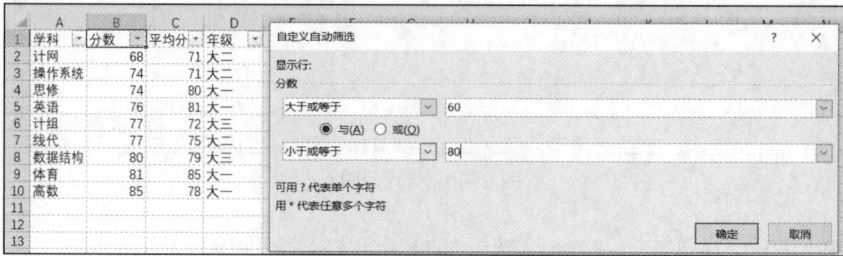

图 2-18　设置数字筛选条件

这样，只有符合条件的数据会被显示，不符合条件的数据将被暂时隐藏。结果如图 2-19 所示，筛选出分数"大于或等于 60 分"和"小于或等于 80 分"的科目。

图 2-19　数字筛选结果

（2）文本筛选

文本筛选是根据文本内容来筛选数据的功能。选择包含文本数据的列，单击"数据"或"开始"菜单中的"排序和筛选"按钮，选择"筛选"。在列标题上单击筛选小箭头，选择"文本筛选"，如图 2-20 所示。

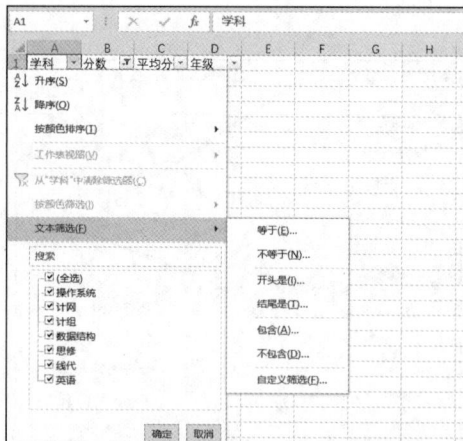

图 2-20　文本筛选

在弹出的窗口中，根据需要设置文本的条件，可以选择"开头是""结尾是""包含""不包含"等条件。输入或选择相应的文本条件，单击"确定"按钮进行筛选，如图 2-21 所示。

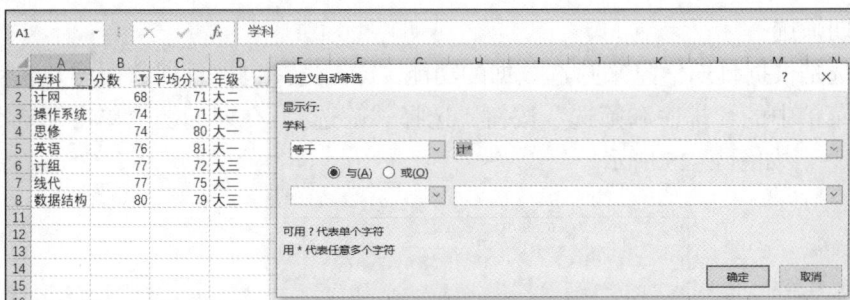

图 2-21　设置文本筛选条件

只有符合条件的文本数据将会显示，不符合条件的数据将被暂时隐藏。结果如图 2-22 所示，以"计"开头的科目被筛选出来。

图 2-22　文本筛选结果

在搜索框中输入关键字相当于文本包含命令筛选，如图 2-23 所示。

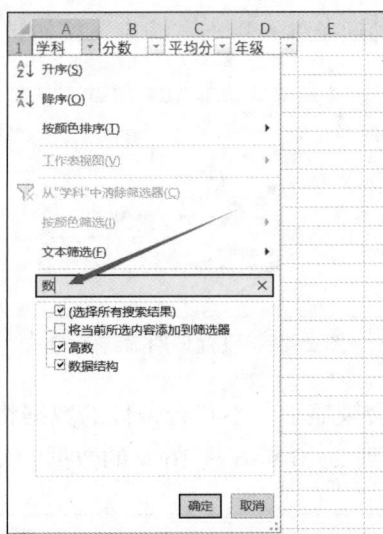

图 2-23　文本命令筛选

筛选结果如图 2-24 所示，筛选出科目名含"数"的科目。

图 2-24　文本命令筛选结果

（3）日期筛选

日期筛选是根据日期信息来筛选数据的功能。首先选择包含日期数据的列，单击"数据"或"开始"菜单中的"排序和筛选"按钮，选择"筛选"。在列标题上单击筛选小箭头，选择"日期筛选"，如图 2-25 所示。

图 2-25　日期筛选

在弹出的窗口中，根据需要设置日期的条件，可以选择在特定日期之前、之后、特定日期等条件，输入或选择相应的日期条件，单击"确定"按钮进行筛选，如图 2-26 所示。

图 2-26　设置日期筛选条件

只有符合条件的日期数据会被显示，不符合条件的数据将被暂时隐藏。结果如图 2-27 所示，筛选出 2019 年 1 月 5 日到 2020 年 6 月 16 日的数据。

图 2-27　日期筛选结果

（4）高级筛选

上述几种筛选方式都是自动筛选，它们允许在原有表格上实现数据的简单筛选，被排除的记录会自动隐藏。而使用高级筛选功能可以将筛选结果存放在一个位置，以便于进行分析和使用。在高级筛选中可以实现"或"及"与"逻辑的筛选（即同时满足两个或两个以上条件），允许用户使用更多条件进行数据筛选。

　　首先在表格之外选择一个区域，用于设置高级筛选的条件。该区域应包含与要筛选的数据列相对应的列标题，并在下方填写筛选条件。在表格内选择任意单元格。单击"数据"或"开始"菜单中的"排序和筛选"按钮。选择"高级筛选"。在弹出的对话框中，设置"列表区域"为要筛选的数据范围。设置"条件区域"为前面准备的条件区域。选择"将筛选结果复制到其他位置"并指定结果的放置位置。单击"确定"按钮执行高级筛选，如图 2-28 所示。

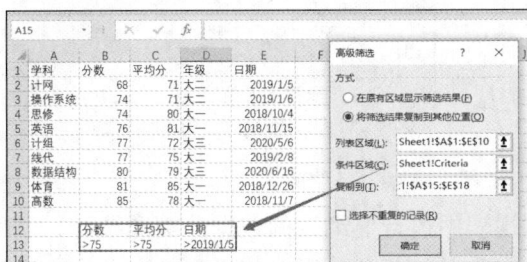

图 2-28　高级筛选

　　结果如图 2-29 所示，筛选出分数大于 75，平均分大于 75 并且日期在 2019 年 1 月 5 日之后的数据。

　　高级筛选允许使用更复杂的条件，适用于多列条件组合的情况，提供更灵活的数据筛选功能。

图 2-29　高级筛选结果

2.2.2　数据分类汇总

　　分类汇总就是将同一类别的记录进行合并统计，用于合并统计的字段用户可以自行设置，并且合并统计的方式可以是求和、求平均值、计数等。下面主要介绍两种分类汇总方式。

1. 一级分类汇总

　　一级分类汇总是对数据进行最基本层次的分类和统计。操作步骤如下。

　　选择要汇总的数据（包括列标题），在 Excel 的菜单栏中，选择"数据"选项卡，单击最右侧"分类汇总"按钮。在弹出的功能框中，可以选择分类字段、汇总方式及汇总项，如图 2-30 所示。

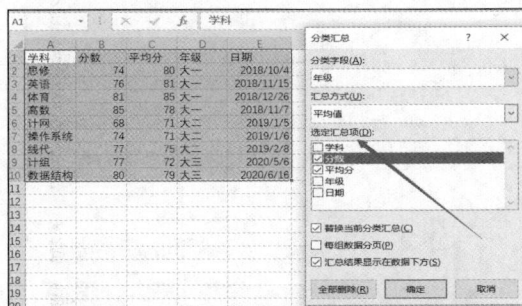

图 2-30　一级分类汇总

上述步骤生成了一张透视表，我们按照一级分类对数据进行了汇总统计。根据需要我们可以调整透视表的布局，例如更改字段位置、调整统计方式等。通过透视表的一级分类汇总，我们可以很容易获取到各个分类的统计信息，这有助于快速了解数据的分布和总体情况，如图 2-31 所示，我们将各个年级的数据分类，最后汇总到一起。

图 2-31　一级分类汇总结果

2. 多级分类汇总

多级分类汇总是在透视表中进行更细致的数据分类和统计。这种方法先将多个分类字段进行多条件排序，然而对字段进行分类，再对每个分类字段依次进行分类汇总。

首先在表格中选择包含数据的区域，在 Excel 的菜单栏中，单击"数据"选项卡，然后选择"排序"功能。在弹出的排序功能框中，单击"添加条件"选项卡可以新增并且自定义条件，如图 2-32 所示。

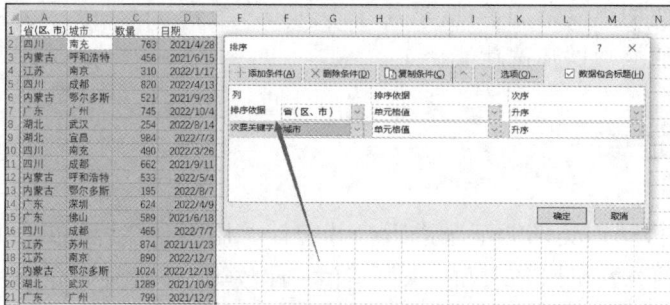

图 2-32　多级分类汇总

得到多条件排序的数据后，在"数据"菜单栏中，选择"分类汇总"选项卡，在分类汇总框中，可以自定义分类字段和汇总方式。此处我们选择按"求和"的方式汇总销售数量，如图 2-33 所示。

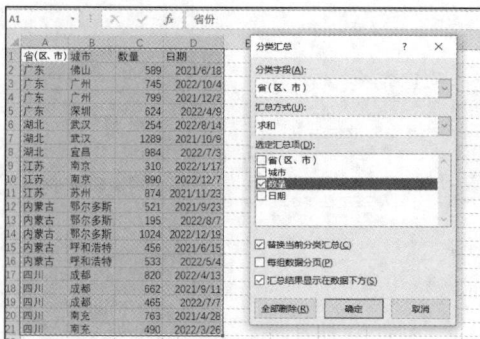

图 2-33　条件设置

统计结果如图 2–34 所示，详细展示了各省（区、市）的销售数量及总和。

创建子级分类汇总时，需要取消勾选“替换当前分类汇总”复选框，如图 2–35 所示。

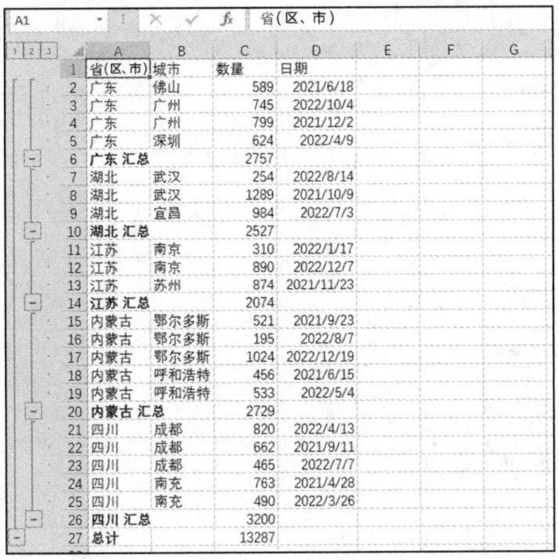

	A	B	C	D
1	省(区、市)	城市	数量	日期
2	广东	佛山	589	2021/6/18
3	广东	广州	745	2022/10/4
4	广东	广州	799	2021/12/2
5	广东	深圳	624	2022/4/9
6	**广东 汇总**		2757	
7	湖北	武汉	254	2022/8/14
8	湖北	武汉	1289	2021/10/9
9	湖北	宜昌	984	2022/7/3
10	**湖北 汇总**		2527	
11	江苏	南京	310	2022/1/17
12	江苏	南京	890	2022/12/7
13	江苏	苏州	874	2021/11/23
14	**江苏 汇总**		2074	
15	内蒙古	鄂尔多斯	521	2021/9/23
16	内蒙古	鄂尔多斯	195	2022/8/7
17	内蒙古	鄂尔多斯	1024	2022/12/19
18	内蒙古	呼和浩特	456	2021/6/15
19	内蒙古	呼和浩特	533	2022/5/4
20	**内蒙古 汇总**		2729	
21	四川	成都	820	2022/4/13
22	四川	成都	662	2021/9/11
23	四川	成都	465	2022/7/7
24	四川	南充	763	2021/4/28
25	四川	南充	490	2022/3/26
26	**四川 汇总**		3200	
27	**总计**		13287	

图 2–34　多级分类汇总结果

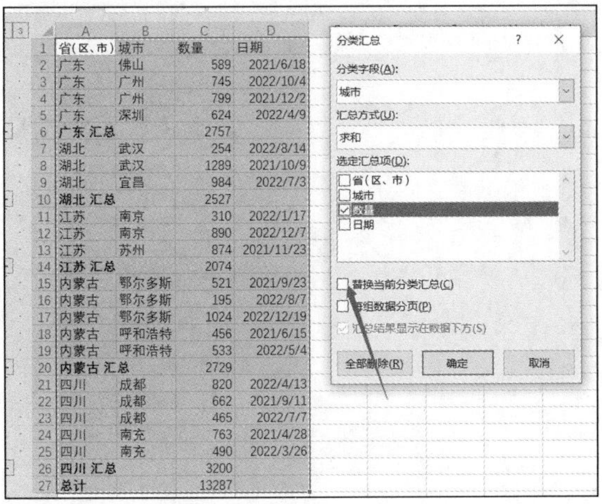

图 2–35　子级分类汇总

子级分类汇总结果如图 2–36 所示，在各省（区、市）的基础上，汇总了各个城市的销售数据。

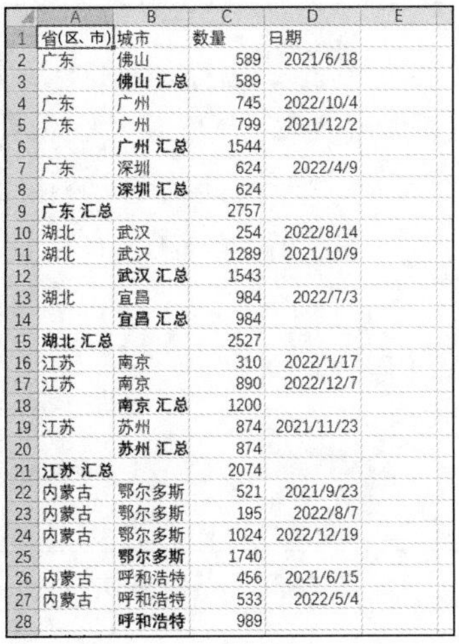

	A	B	C	D
1	省(区、市)	城市	数量	日期
2	广东	佛山	589	2021/6/18
3		**佛山 汇总**	589	
4	广东	广州	745	2022/10/4
5	广东	广州	799	2021/12/2
6		**广州 汇总**	1544	
7	广东	深圳	624	2022/4/9
8		**深圳 汇总**	624	
9	**广东 汇总**		2757	
10	湖北	武汉	254	2022/8/14
11	湖北	武汉	1289	2021/10/9
12		**武汉 汇总**	1543	
13	湖北	宜昌	984	2022/7/3
14		**宜昌 汇总**	984	
15	**湖北 汇总**		2527	
16	江苏	南京	310	2022/1/17
17	江苏	南京	890	2022/12/7
18		**南京 汇总**	1200	
19	江苏	苏州	874	2021/11/23
20		**苏州 汇总**	874	
21	**江苏 汇总**		2074	
22	内蒙古	鄂尔多斯	521	2021/9/23
23	内蒙古	鄂尔多斯	195	2022/8/7
24	内蒙古	鄂尔多斯	1024	2022/12/19
25		**鄂尔多斯**	1740	
26	内蒙古	呼和浩特	456	2021/6/15
27	内蒙古	呼和浩特	533	2022/5/4
28		**呼和浩特**	989	

图 2–36　子级分类汇总结果

2.2.3　条件格式

在 Excel 中，条件格式是一种用于根据特定条件对单元格进行格式化的工具。当单元格满足某种或某几种条件时，条件格式可以自动将单元格显示为设定的格式。通过条件格式，可以突出显示满足特定条件的单元格，例如高于平均值的单元格、低于平均值的单元格，或者包含特定文本或公式的单元格。此外，用户还可以自定义条件格式，以满足特定的数据分析和数据可视化需求。

要应用条件格式，首先选中要应用条件格式的单元格范围。单击"开始"按钮，在"样式"中找到"条件格式"，如图 2-37 所示。

图 2-37　条件格式

选择适用于数据的条件格式，例如"突出显示单元格规则""数据条"等。设置条件格式的规则，如"大于""小于""介于"等，如图 2-38 所示。

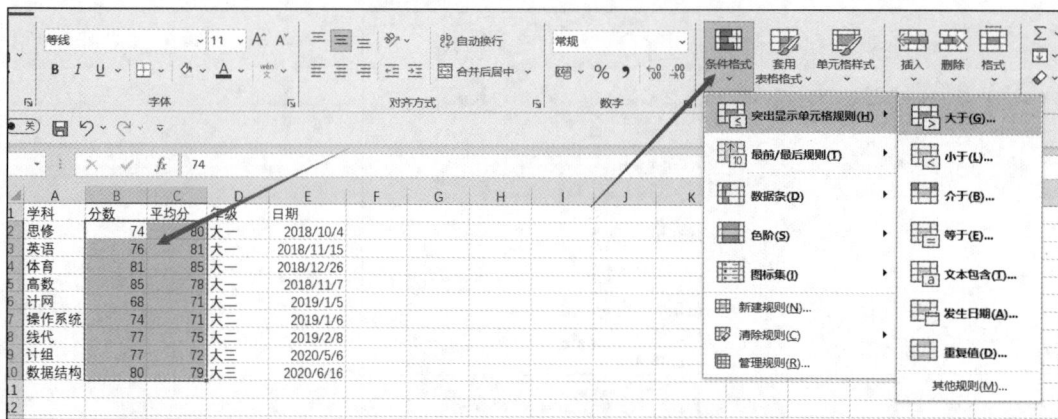

图 2-38　条件格式

使用条件格式能够使数据更加直观易懂，提高数据分析的效率。可以根据实际的数据特点和分析目的选择不同的条件格式设置。结果如图 2-39 所示，特定的数据单元格被标红（即图中灰底单元格）。

图 2-39　条件格式结果

2.3　使用 Excel 函数和工具进行数据分析

在 Excel 中，函数实际上是一个预先定义的特定计算公式，通过这个公式对一个或多个参数进行计算，从而得出一个或多个计算结果，计算结果被称为函数值。利用这些函数不仅可以完成许多复杂的计算任务，还可以简化公式的繁杂程度。

2.3.1　统计函数

Excel 的统计函数是处理和分析数据时不可或缺的工具，它们为用户提供了强大的功能来执行各种统计分析。从基本的描述性统计到复杂的数据集分析，Excel 的统计函数都能满足需求，使数据分析变得更加直观和高效。下面将重点介绍一些常用的统计函数。

1．COUNT( )函数

函数定义：用于计算单元格区域中数值的个数。

函数说明：COUNT( )函数返回包含数字及参数列表中的数字的单元格数量。使用 COUNT( )函数，可以计算数字字段的输入项个数，适用于单元格区域或数字数组。

函数格式：COUNT(value1,value2,…)。其中，value 表示包含或引用各种类型数据的参数（1～30 个），但只有数字类型的数据才会被计算。

示例：统计已录入成绩学生人数，从单元格 B2 统计到 B10，如图 2-40 所示。

注意：如果参数是一个数组或引用，COUNT( )函数仅统计数组或引用中的数字，而会忽略数组或引用中的空白单元格、逻辑值、文字或错误值。

如图 2-41 所示，逻辑值、空白、错误值、字母、文字均被忽略。

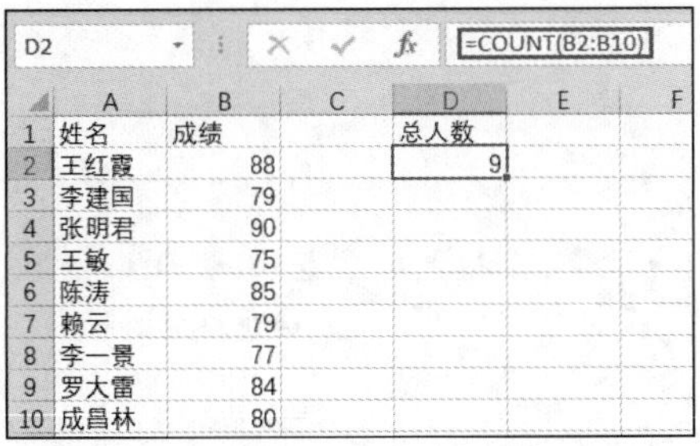

图 2-40　已录入成绩学生总人数示例 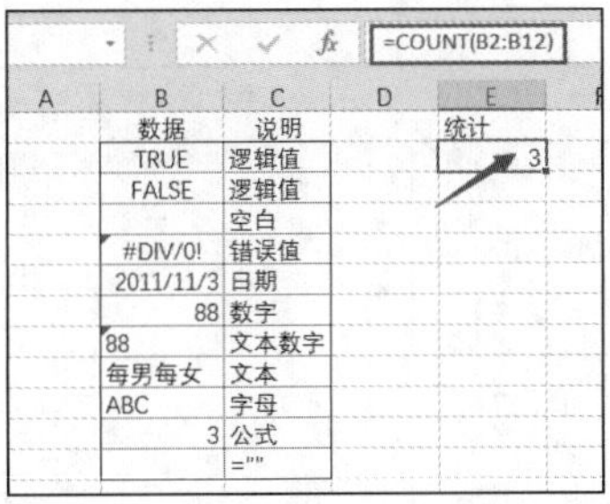　　　　图 2-41　仅统计数组或引用中的数字

2．COUNTA( )函数

函数定义：用于计算参数列表中非空值的单元格数量。

函数说明：COUNTA( )函数返回参数列表中的非空值的单元格数量。使用 COUNTA( )函数，可以计算包含数据的单元格个数，适用于单元格区域或数组。

函数格式：COUNTA(value1,value2,…)。参数个数为 1～30，参数值可以是任何类型，可以包括空字符，但不包括空白单元格。如果参数是数组或单元格引用，则数组或引用中的空白单元格将被忽略。

示例：空白单元格在统计时被忽略，如图 2-42 所示。

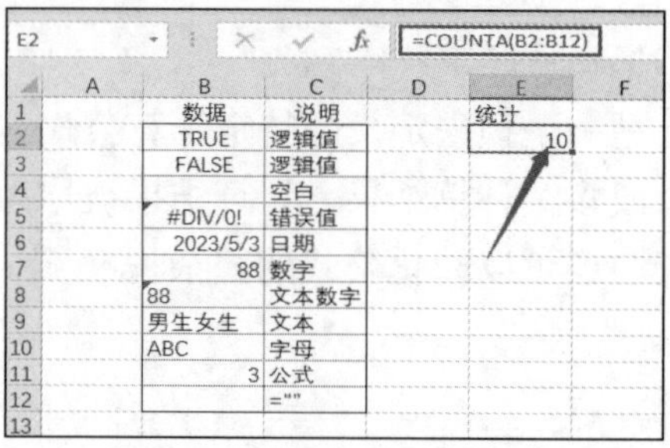

图 2-42　COUNTA( )函数示例

3. AVERAGE( )函数

函数定义：用于计算数值型数据的平均值。

函数说明：AVERAGE( )函数返回参数的平均值，即算术平均值。

函数格式：AVERAGE(number1,number2,…)。参数个数为 1～30。参数可以是数字，或者是包含数字的名称、数组或引用。如果数组或引用参数包含文本、逻辑值或空白单元格，这些值将被忽略，但包含零值的单元格将计算在内。

示例：统计不同类型数据的平均值，验证不同数据是否被统计，如图 2-43 所示。

由于计算的区域中包含错误值，直接计算 B2～B13 的单元格平均值，将不能进行计算，结果为错误。将错误值去除后，参与计算的有数字 0、数字 88、数字-6、公式 3，平均值计算结果为 21.25。计算的区域中若含有文本型数字，计算结果也将是文本型数字，因此结果-1.5 为文本型数字。

示例：计算 A2～A6 单元格数据平均值，结果为 11。若计算所有数据之和再加上 5 的平均值，则结果为 10，如图 2-44 所示。

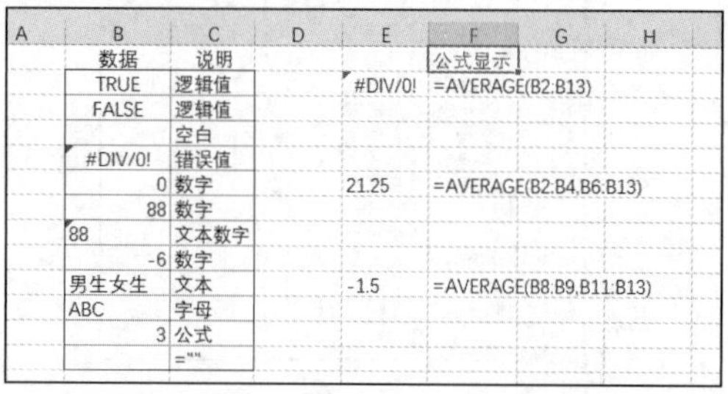

图 2-43　AVERAGE( )函数示例

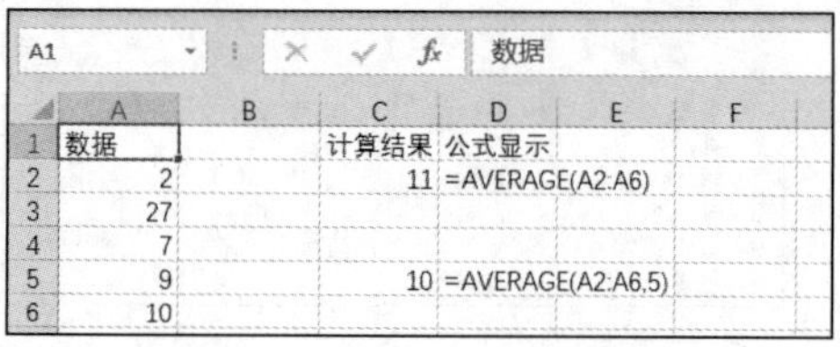

图 2-44　AVERAGE( )函数示例

4. AVERAGEA( )函数

函数定义：用于计算所有数据的平均值。

函数说明：AVERAGEA( )函数计算参数列表中数值的平均值，包括数字、文本和逻辑值（如 TRUE 和 FALSE）在内。

函数格式：AVERAGEA(value1,value2,…)。value 表示需要计算平均值的 1～30 个单元格、单元格区域或数值。参数必须为数值、名称、数组或引用。包含文本的数组或引用参数将作为 0（零）计算，空字符（" "）也作为 0（零）计算，包含 TRUE 的参数作为 1 计算，包含 FALSE 的参数作为 0 计算。

示例：计算不同数据类型的平均值，如图 2-45 所示。

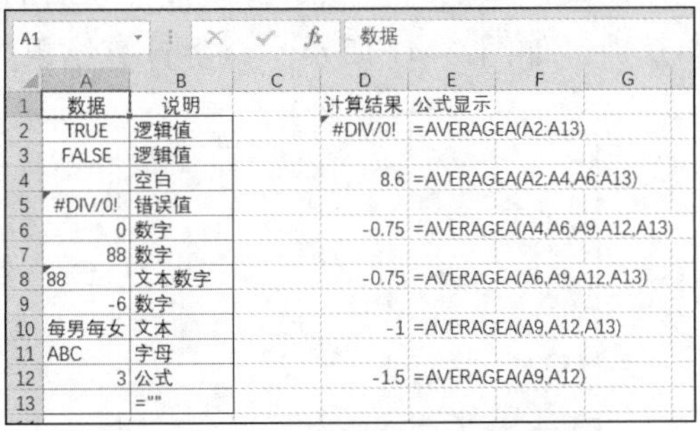

A1　fx　数据

	A	B	C	D	E
1	数据	说明		计算结果	公式显示
2	TRUE	逻辑值		#DIV/0!	=AVERAGEA(A2:A13)
3	FALSE	逻辑值			
4		空白		8.6	=AVERAGEA(A2:A4,A6:A13)
5	#DIV/0!	错误值			
6	0	数字		-0.75	=AVERAGEA(A4,A6,A9,A12,A13)
7	88	数字			
8	88	文本数字		-0.75	=AVERAGEA(A6,A9,A12,A13)
9	-6	数字			
10	每男每女	文本		-1	=AVERAGEA(A9,A12,A13)
11	ABC	字母			
12	3	公式		-1.5	=AVERAGEA(A9,A12)
13		=""			

图 2-45　AVERAGEA()函数示例

在计算的区域中，减去错误值后，正常运算的结果为 8.6。其中逻辑值、空白值、数字 0、数字 88、数字-6、文本、字母、公式、空值参与计算。减去逻辑值，计算结果为-0.75，结果发生变化，表明逻辑值包含在计算内。减去空白单元格，计算结果未发生变化，结果仍为-0.75，说明空白单元格不包含在计算内。减去数字 0 单元格，计算结果为-1，表明数字单元格不管值为多少，都参与了计算。减去公式和空值单元格，计算结果为-1.5，说明公式和空值包含在计算内。

5. MEDIAN()函数

函数定义：用于计算数据集中的中位数。

函数说明：MEDIAN()函数返回给定数值集合的中值。中值是在一组数据中居于中间的数，即在这组数据中，有一半的数据比它大，有一半数据比它小。

函数格式：MEDIAN(number1,number2,…)。number 是要计算中值的 1～30 个数值，如果数组或引用参数包含文本、逻辑值或空白单元格，则这些值将被忽略，但包含零值的单元格将计算在内。如果参数集合中包含偶数个数字，函数将返回位于中间的两个数的平均值。

示例：计算学生年龄中位数，如图 2-46 所示，学生年龄中位数为 20。

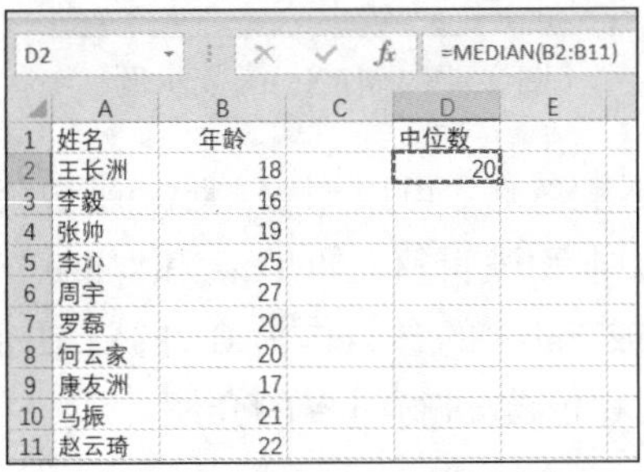

D2　fx　=MEDIAN(B2:B11)

	A	B	C	D
1	姓名	年龄		中位数
2	王长洲	18		20
3	李毅	16		
4	张帅	19		
5	李沁	25		
6	周宇	27		
7	罗磊	20		
8	何云家	20		
9	康友洲	17		
10	马振	21		
11	赵云琦	22		

图 2-46　MEDIAN()函数示例

6. MODE()函数

函数定义：用于确定数据集的众数。

函数说明：返回在某一数组或数据区域中出现频率最多的数值，MODE()函数类似于

MEDIAN()函数，MODE()也是一个位置测量函数。

函数格式：MODE(number1,number2,…)。number 是用于众数计算的 1～30 个参数，也可以使用单一数组（即对数组区域的引用）来代替被逗号分隔的参数。如果数组或引用参数包含文本、逻辑值或空白单元格，则这些值将被忽略，但包含零值的单元格将计算在内。

示例：统计学生年龄的众数，如图 2-47 所示，众数计算结果为 20。

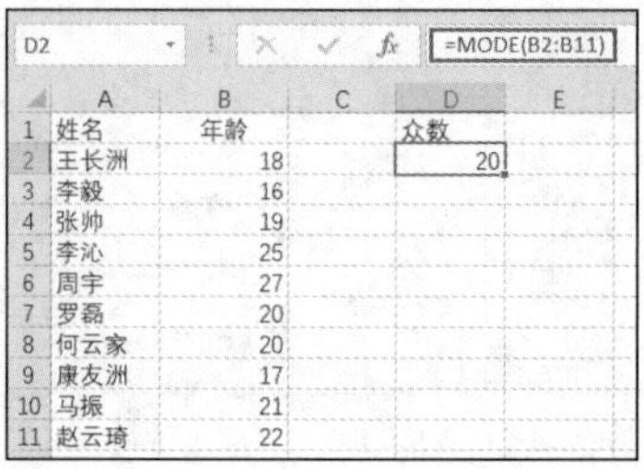

	A	B	C	D	E
1	姓名	年龄		众数	
2	王长洲	18		20	
3	李毅	16			
4	张帅	19			
5	李沁	25			
6	周宇	27			
7	罗磊	20			
8	何云家	20			
9	康友洲	17			
10	马振	21			
11	赵云琦	22			

图 2-47　MODE()函数示例

7. MAX()函数

函数定义：用于确定数值的最大值。

函数说明：MAX()函数返回一组数值中的最大值。

函数格式：MAX(number1,number2,…)。可以将参数指定为数字、空白单元格、逻辑值或数字的文本表达式。如果参数为错误值或不能转换成数字的文本，将会导致函数返回错误。如果参数为数组或引用，则只有数组或引用中的数字将被计算，数组或引用中的空白单元格、逻辑值或文本将被忽略。如果参数不包含数字，MAX()函数返回 0（零）。

示例：查找学生年龄中的最大值，如图 2-48 所示，最大值为 27。

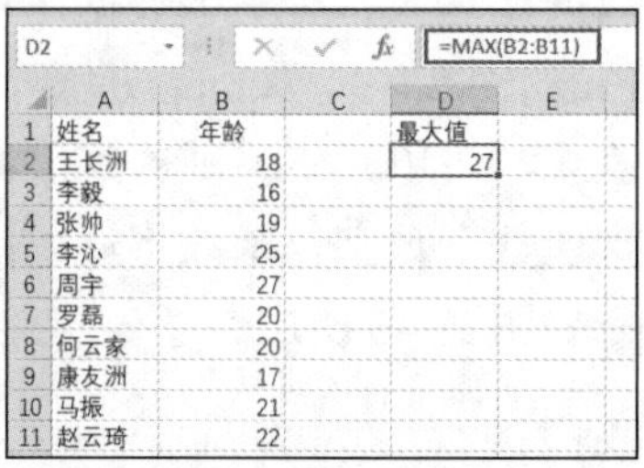

	A	B	C	D	E
1	姓名	年龄		最大值	
2	王长洲	18		27	
3	李毅	16			
4	张帅	19			
5	李沁	25			
6	周宇	27			
7	罗磊	20			
8	何云家	20			
9	康友洲	17			
10	马振	21			
11	赵云琦	22			

图 2-48　MAX()函数示例

另外，如果逻辑值和文本不能忽略，可以用 MAXA()函数代替 MAX()函数。MAXA()函数是返回参数列表中的最大值，文本和逻辑值（如 True 和 False）也作为数字来计算，包含 True 的参数作为 1 计算，包含文本或 False 的参数作为 0 计算，并且忽略数组或引用中的空白单元格和文本。这里不再对 MAXA()函数进行过多的介绍。

8. MIN()函数

函数定义：用于确定数值的最小值。

函数说明：MIN()函数将返回一组数值中的最小值。

函数格式：MIN(number1,number2,…)。参数可以指定为数字、空白单元格、逻辑值或数字的文本表达式。如果参数为错误值或不能转换成数字的文本，将会导致函数返回错误。如果参数是数组或引用，则 MIN()函数仅使用其中的数字，空白单元格、逻辑值、文本或错误值将被忽略。如果参数中不含数字，则 MIN()函数返回 0。

示例：查找学生年龄中的最小值，如图 2-49 所示，最小值为 16。

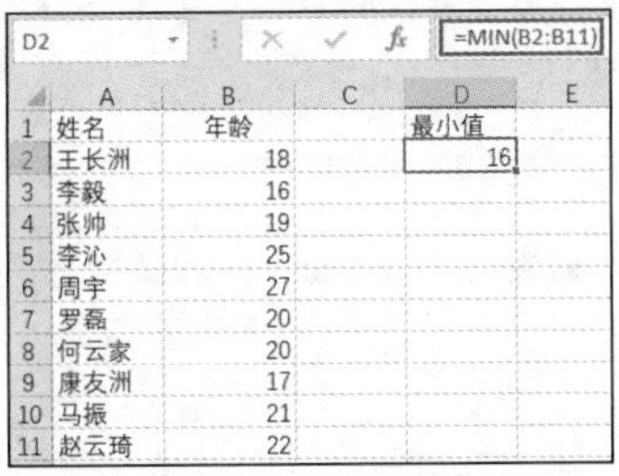

图 2-49　MIN()函数示例

如果逻辑值和文本不能忽略，请使用 MINA()函数，在 MINA()函数的参数中，包含 True 的参数作为 1 计算，包含文本或 False 的参数作为 0 计算。这里不再对 MINA()函数进行过多的介绍。

2.3.2　文本函数

Excel 的文本函数提供了一系列强大的工具，它们允许用户对电子表格中的文本数据进行各种操作和分析。这些函数可以帮助用户清洗和格式化数据，提取或替换文本信息，以及进行数据的合并和转换。下面对一些重要的文本函数作介绍。

1. UPPER()函数
函数定义：用于将文本中的所有英文字母转换为大写形式。

函数说明：UPPER()函数将文本字符串转换为字母全部大写形式。

函数格式：UPPER(text)。text 表示需要转换成大写形式的文本，可以是单元格引用或直接的文本字符串。

示例：使用 UPPER()函数对一组英文字母进行大写转换，如图 2-50 所示，将小写字母全部转为大写形式。

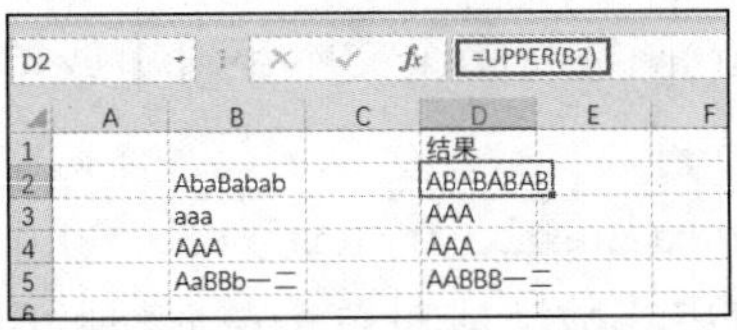

图 2-50　UPPER()函数示例

LOWER()函数用于将文本中的所有英文字母转换为小写形式。其用法和 UPPER()函数相似，这里不再进行过多介绍。

2. PROPER()函数
函数定义：用于将英文单词的开头字母转换为大写字母，将其他字符转换成小写。

函数说明：PROPER()函数将文本字符串的首字母及任何非字母字符之后的首字母转换

成大写，将其余的字母转换为小写。

函数格式：PROPER(text)。text 包括在一组双引号中的文本字符串、返回文本值的公式或是对包含文本的单元格的引用。

示例：使用 PROPER( )函数将一组英文数据项的开头字母转换为大写，如图 2-51 所示，开头小写字母"a"被改为大写"A"。

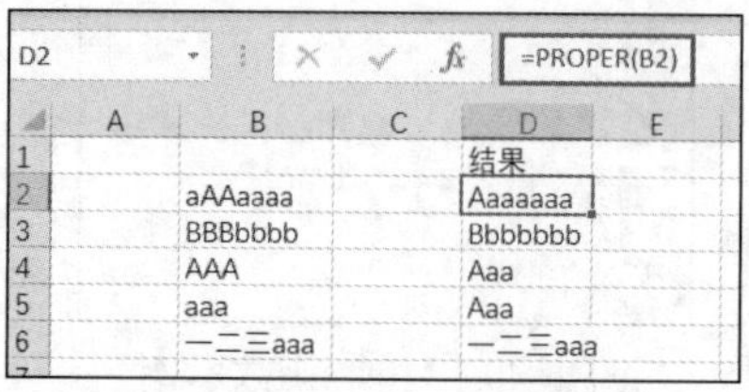

图 2-51　PROPER( )函数示例

3. LEN( )函数

函数定义：用于统计文本字符串中字符数目。

函数说明：LEN( )函数返回文本字符串中的字符数目，包括空格。

函数格式：LEN(text)。text 是要统计其长度的文本字符串，可以是直接输入的文本，也可以是单元格引用。

示例：使用 LEN( )函数统计一组字符串字符数目，如图 2-52 所示，统计了 B2 单元格字符串的长度为 7 个字符。

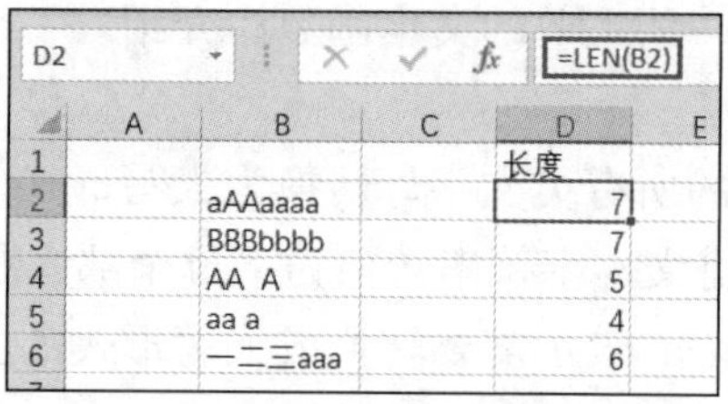

图 2-52　LEN( )函数示例

4. CONCATENATE( )函数

函数定义：用于将几个文本字符串合并为一个文本字符串。

函数说明：CONCATENATE( )函数将多个文本字符串或单元格中的数据连接在一起，并将结果显示在一个单元格中。

函数格式：CONCATENATE(text1,text2,…)。text 为 1～30 个将要合并成单个文本项的文本项。这些文本项可以为文本字符串、数字或对单个单元格的引用。

示例：使用 CONCATENATE( )函数将一组文本字符串合并，如图 2-53 所示。

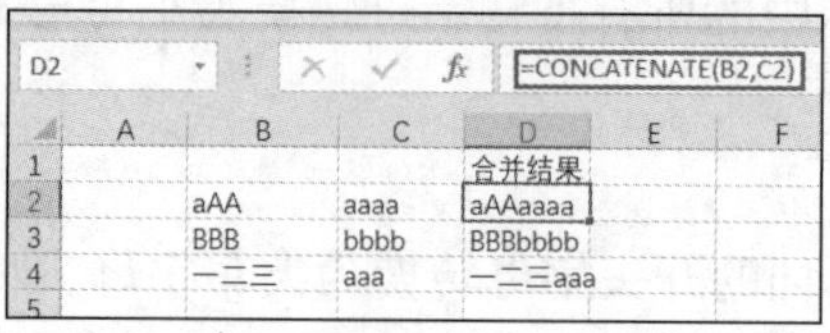

图 2-53　CONCATENATE( )函数示例

也可以用&（和号）运算符代替 CONCATENATE()函数实现文本项的合并。

2.3.3　日期和时间函数

在 Excel 中，日期和时间函数用于处理和分析与日期和时间相关的数据。这些函数能够帮助用户执行各种任务，如计算日期之间的差异、提取日期和时间的特定部分，以及对日期和时间进行格式化等。

1. EDATE()函数

函数定义：用于计算从某个开始日期算起的数个月之前或之后的日期。

函数说明：返回值为 1（对应 1900 年 1 月 1 日）到 2958465（对应 9999 年 12 月 31 日）范围之间的整数（即序列号值）。

函数格式：EDATE(start_date,months)。start_date 代表开始日期，指定表示日期的数值（序列号值）或单元格引用。start_date 的月份被视为“0”进行计算。months 指定月份数，小数部分的值被向下舍入，若指定数值为正值，则返回“start_date”之后的日期（指定月份数之后）；若指定数值为负值，则返回“start_date”之前的日期（指定月份数之前）。当数字显示格式为“常规”时，返回值以表示日期的数值（序列号）的形式显示。如果要转换成日期格式，必须通过“设置单元格格式”对话框将数字显示格式转换为日期格式。注意，使用此函数必须安装“分析工具库”并加载宏。

示例：使用 EDATE()函数计算食品的过期时间，如图 2-54 所示。

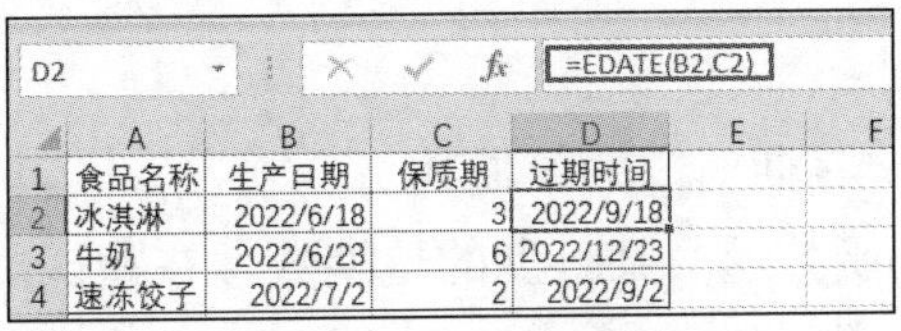

	A	B	C	D	E	F
1	食品名称	生产日期	保质期	过期时间		
2	冰淇淋	2022/6/18	3	2022/9/18		
3	牛奶	2022/6/23	6	2022/12/23		
4	速冻饺子	2022/7/2	2	2022/9/2		

图 2-54　EDATE()函数示例

如果返回的序列号值小于 1，或者大于 2958465，则函数返回错误值“#NUM!”。此外，当指定了无效的日期时，函数返回错误值“#VALUE!”。使用函数时要注意确认参数是否正确。如果 months 不是整数，将取整。

对于 EOMONTH()函数，其作用是在已知的日期上计算出给定的月份数之前或之后的日期，并自动调整日期为当月份的最后一天。其用法与 EDATE 函数相似，这里不再进行过多介绍。

2. DATE()函数

函数定义：用于从年、月、日计算日期的序列号值。

函数说明：DATE()函数根据指定的年、月、日计算日期的序列号值。

函数格式：DATE(year,month,day)。参数 year 可以为 1～4 位数字。参数 month 以整数的形式指定日期的“月”部分的数值，也可以是指定单元格引用。如果指定数大于 12，则被视为下一年的 1 月之后的数值；如果指定的数值小于 0，则被视为指定了前一个月份。参数 day 以整数的形式指定日期的“日”部分的数值，或者指定单元格引用。如果指定数大于月份的最后一天，则被视为下一月份的 1 日之后的数值；如果指定的数值小于 0，则被视为指定了前一个月份。

示例：使用 DATE( )函数计算某些费用的付款日，如图 2-55 所示。

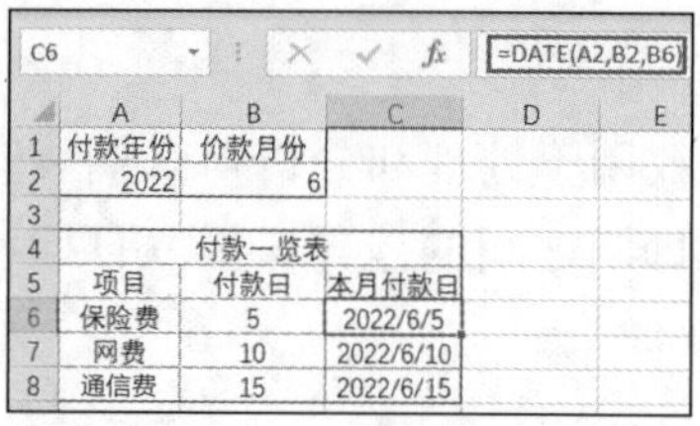

图 2-55　DATE( )函数示例

当参数中指定了数值范围外的值时，返回错误值"#VALUE!"。因此，使用 DATE( )函数时要注意确认参数是否正确。

3. NOW( )函数

函数定义：用于计算当前的日期和时间的序列号值。

函数说明：NOW( )函数返回计算机系统的当前日期和时间。

函数格式：NOW( )。该函数没有参数，但必须使用括号。括号中输入任何参数，都返回错误值。

由于 NOW( )函数返回的当前日期为序列号，可以进行加、减运算，因此重新打开文件或者按下"F9"键都可更新 NOW( )函数返回的日期和时间。

示例：使用 NOW( )函数显示当前时间为 2025 年 3 月 17 日，如图 2-56 所示。

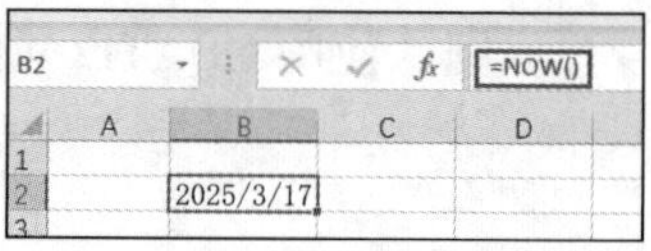

图 2-56　NOW( )函数示例

4. WEEKDAY( )函数

函数定义：用于计算指定日期对应的星期数。

函数说明：WEEKDAY( )函数返回某日期的星期数。在默认情况下，其值为 1（星期日）到 7（星期六）之间的一个整数。

函数格式：WEEKDAY(serial_number,[return_type])。serial_number 代表指定的日期或引用含有日期的单元格。日期有多种输入方式：带引号的文本串、序列数或其他公式或函数的结果。return_type 代表星期的表示方式：当 Sunday（星期日）为 1，Saturday（星期六）为 7 时，该参数为 1；当 Monday（星期一）为 1，Sunday（星期日）为 7 时，该参数为 2（符合中国人的习惯）；当 Monday（星期一）为 0，Sunday（星期日）为 6 时，该参数为 3。

示例：使用 WEEKDAY( )函数计算星期数，如图 2-57 所示，2025 年 3 月 17 日这天是星期一。

当指定的"serial_number"的值无法识别为日期时，返回错误值"#VALUE!"。

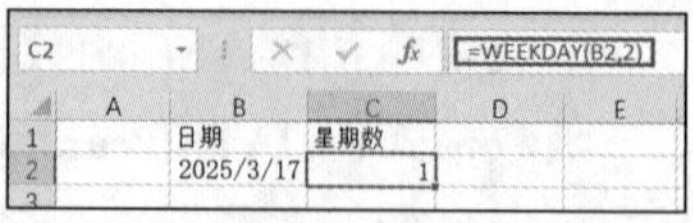

图 2-57　WEEKDAY( )函数示例

2.3.4　数学函数

数学函数是 Excel 中的一类特殊函数，通过使用这些函数，用户可以在电子表格中进行各种数学计算。下面对一些常用数学函数作介绍。

1．SUM( )函数

函数定义：用于进行求和计算。

函数说明：SUM( )函数返回某一单元格区域中数字、逻辑值及数字的文本表达式、直接键入的数字之和。

函数格式：SUM(number1, number2,…)。参数 number 可以是直接的数值，也可以是单元格引用或其他包含数字的表达式，参数用英文逗号分开。

SUM(列名)：对整列的数值进行求和，列名是指列的字母标识，例如 SUM(A)表示对 A 列的所有数值进行求和。

SUM(行名)：对整行的数值进行求和，行名是指行的数字标识，例如 SUM(1)表示对第 1 行的所有数值进行求和。

如果参数为数组或引用，只有其中的数字将被计算，而数组或引用中的空白单元格、逻辑值、文本将被忽略。

示例：使用 SUM( )函数求一组数的和，如图 2-58 所示，计算结果为 27。

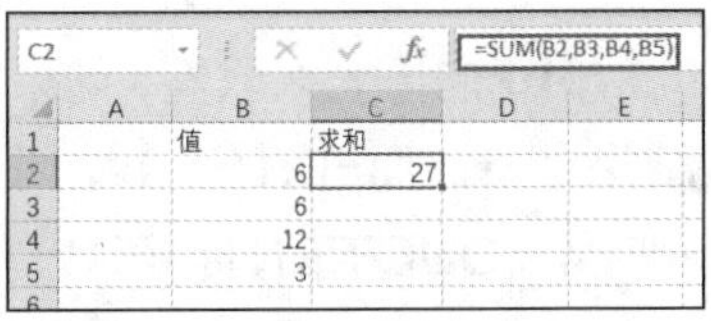

如果 SUM( )函数的参数中包含错误值或不能转换成数字的文本，SUM( )函数会返回错误。因此，在使用 SUM( )函数时，用户应确保参数都是有效的数字或可以转换成数字的文本。此

图 2-58　SUM( )函数示例

外，SUM( )函数不能包含正在进行求和计算的单元格，这可能引起循环引用，导致计算结果不准确。确保 SUM( )函数的范围不包括包含 SUM( )公式的单元格，以避免错误。SUM( )函数可以直接求和文本型数字参数。如果是引用单元格中的文本型数字，SUM( )函数也可以处理，但如果单元格的数字前添加了半角单引号"'"，则在求和时将忽略该引号。

2．PRODUCT( )函数

函数定义：用于计算参数中指定的数字的乘积。

函数说明：PRODUCT( )函数计算作为参数指定的所有 number 的乘积。

函数格式：PRODUCT(number1,number2,…)。参数 number 为指定要进行乘积计算的值或单元格引用，也可以是包含数字的单元格区域。与 SUM( )函数相似，最多可以指定 30 个"number"参数。PRODUCT( )函数会忽略参数中的文本逻辑值和空单元格，只计算所有数字参数的乘积。

示例：使用 PRODUCT( )函数求一组值的乘积，如图 2-59 所示，计算结果为 2250。其中，B5 单元格为空值，被忽略，只计算了 B2、B3 和 B4 这 3 个单元格数值的乘积。

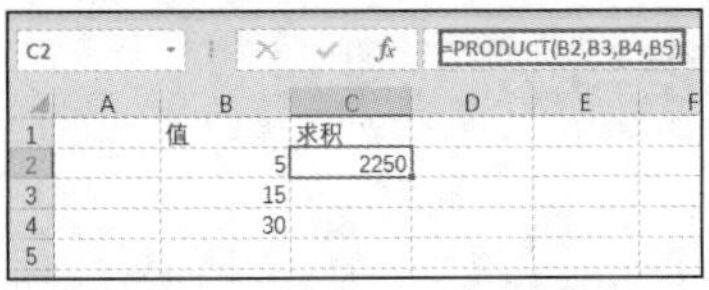

图 2-59　PRODUCT( )函数示例

3．INT( )函数

函数定义：用于将数值向下舍入为最接近的整数。

函数说明：INT( )函数将数字向下舍入，即取小于或等于该数字的最大整数。

函数格式：INT(number)。参数 number 表示需要进行向下舍入取整的实数，可以是直接输入的数值或数值所在的单元格引用。该函数参数只能指定一个单元格或数值，不能为单元格区域。

示例：使用 INT( )函数对一组值取整，计算结果如图 2-60 所示。

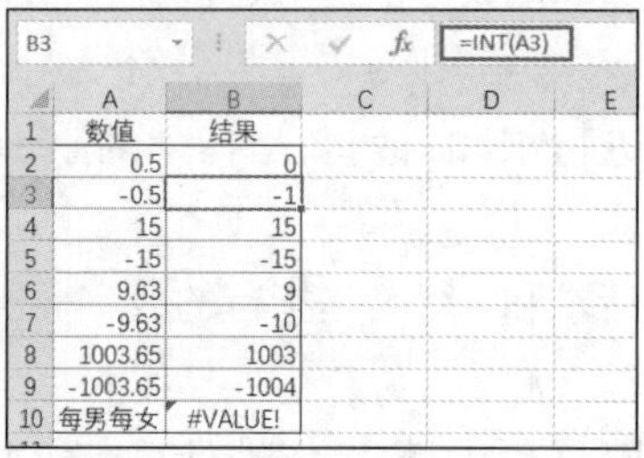
B3 =INT(A3)

	A	B	C	D	E
1	数值	结果			
2	0.5	0			
3	-0.5	-1			
4	15	15			
5	-15	-15			
6	9.63	9			
7	-9.63	-10			
8	1003.65	1003			
9	-1003.65	-1004			
10	每男每女	#VALUE!			

图 2-60　INT( )函数示例

对于向下舍入取整，如果需要截取整数部分，可以使用 TRUNC( )函数。例如，=TRUNC(−8.4)结果是−8，而=INT(−8.4)结果是−9。这里不再对 TRUNC( )函数作介绍。

4. QUOTIENT( )函数

函数定义：用于计算商的整数部分。

函数说明：QUOTIENT( )函数返回商的整数部分，可用于舍掉商的小数部分。

函数格式：QUOTIENT(numerator, denominator)。参数 numerator 为被除数，参数 denominator 为除数。参数必须为数值类型，可以为数字、逻辑值和文本格式的数字，若参数 denominator 为 0，则返回#DIV/0!错误值。该函数只能用于指定一个单元格，不能用于整个单元格区域。

示例：使用 QUOTIENT( )函数计算一组商的整数部分，计算结果如图 2-61 所示。

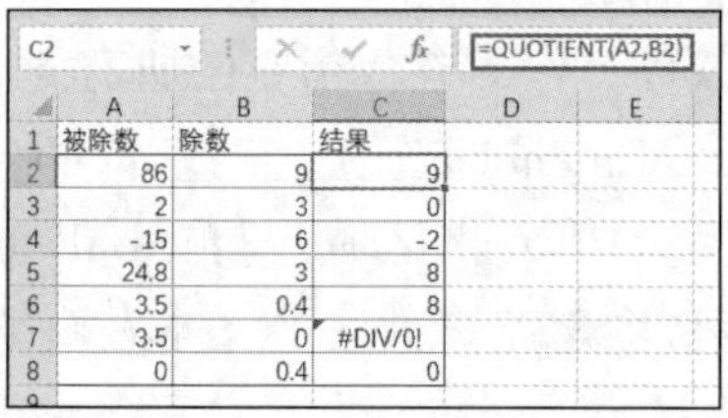
C2 =QUOTIENT(A2,B2)

	A	B	C	D	E
1	被除数	除数	结果		
2	86	9	9		
3	2	3	0		
4	-15	6	-2		
5	24.8	3	8		
6	3.5	0.4	8		
7	3.5	0	#DIV/0!		
8	0	0.4	0		

图 2-61　QUOTIENT( )函数示例

2.4　Excel 数据透视表与透视图

Excel 数据透视表和透视图是功能强大且广泛应用于数据分析和报告的工具。它们能够将大量的数据以简洁、易懂的方式呈现，帮助用户快速分析信息和发现关键洞察。通过使用 Excel 的数据透视表和透视图功能，用户可以轻松地对数据进行汇总、分组、筛选和计算，以便更好地理解数据。

2.4.1　数据透视的作用

数据透视主要用于处理海量数据的交互式汇总查询。其功能包括行列的动态移动，使行可以转移到列上，列也可以移动到行上。通过这种方式，用户可以根据需求对目标数据子集进行排序、汇总、分组、筛选等操作。数据透视以其强大而灵活的查询方式得到广泛应用，用户可自定义计算公式，展开或折叠关注的结果数据集，以便查看数据摘要信息。

2.4.2　数据透视表

数据透视表是一种用于快速汇总和分析大量数据表格的交互式分析工具。通过数据透视表，用户可以按照数据表格的不同字段从多个角度进行透视，以查看不同层面的汇总信息、分析结果和摘要数据。数据透视表是建立在源数据之上的交互式数据分析报告。

数据源是用于创建数据透视表的数据来源，可以是 Excel 的数据列表、其他数据的透视表，也可以是外部的数据源。

数据源的原则包括以下几点。

① 每列数据的第一行包含该列的标题。

② 数据源中不能包含空行和空列。

③ 数据源中不能包含空单元格。

④ 数据源中不能包含合并单元格。

⑤ 数据源中不能包含同类字段（即字段既可以作为标题又可以作为数据内容）。

字段可以被理解为数据源中各列的列标题，每个字段代表一类数据。字段可分为报表筛选字段、行字段、列字段、值字段。项表示每个字段中包含的数据，表示数据源中字段的唯一条目。

数据透视表的应用功能如下。

① 汇总数据：数据透视表可以根据选择的字段对数据进行分组和汇总。通过将字段拖动到数据透视表的不同区域（如行区域、列区域和值区域），用户可以定义数据的分组方式。数据透视表会自动计算并显示汇总值，例如总和、平均值、计数等。

② 数据分析：利用数据透视表，可以快速进行数据分析。例如，用户可以使用数据透视表分析销售数据，按产品对销售额进行汇总，并将其按销售人员或地区进行比较。用户还可以使用数据透视表分析库存数据、市场调研数据等。

③ 过滤和筛选数据：数据透视表允许根据不同的条件对数据进行过滤和筛选。通过使用筛选器，用户可以选择特定的数据集，以便更深入地分析感兴趣的数据。

④ 动态报表：数据透视表是创建动态报表的理想选择。当源数据发生变化时，只需刷新数据透视表，它将自动更新并显示最新的数据摘要。这使用户能够轻松地跟踪数据的变化并及时生成报告。

⑤ 数据可视化：数据透视表有助于以清晰、易于理解的方式呈现复杂数据。用户可以利用数据透视表创建图表、图形和交叉表，以便更好地可视化和传达数据。

下面，我们将针对某超市不同门店一年各月份的销售情况创建数据透视表。数据源描述了 3 个门店一到十二月的各类商品的营业额和净利润，该销售表的部分数据如图 2-62 所示。

图 2-62　某超市不同门店销售表的部分数据

选择"插入"选项，单击"数据透视表"选项，进行创建，如图 2-63 所示。

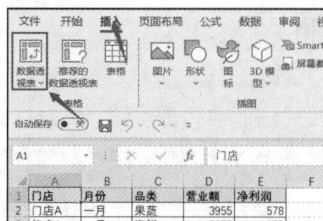

图 2-63　创建数据透视表

选择数据区域，选择"新工作表"选项，如图 2-64 所示。

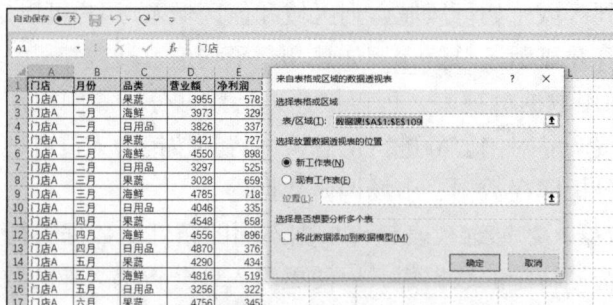

图 2-64　创建数据透视表

在创建数据透视表后，如果想要查看数据并进行排序，可以单击右侧的字段列表并选择希望作为排序依据的字段。先勾选哪个字段，哪个字段就会被排在前面，用户可以根据需要选择不同的字段，如图 2-65 所示。

图 2-65　选择排序条件

若想要字段出现在列中，则可以单击字段名，并把字段名拖进"列"区域，如图 2-66 所示。
若想要字段变成行或列的值，则可以把字段名拖进"值"区域，如图 2-66 所示。
若想要将字段作为筛选条件，则可以把字段名拖进"筛选"区域。

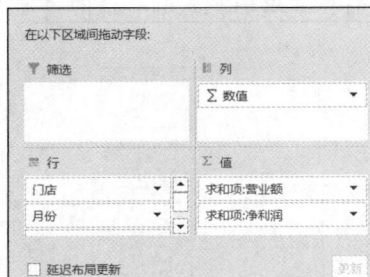

图 2-66　设置"列"和"值"区域

如要展示每个门店每月的净利润，并且以商品种类作为筛选条件，则可以将"品类"拖入"筛选"区域，并将"月份"拖入"列"区域，如图 2-67 所示。

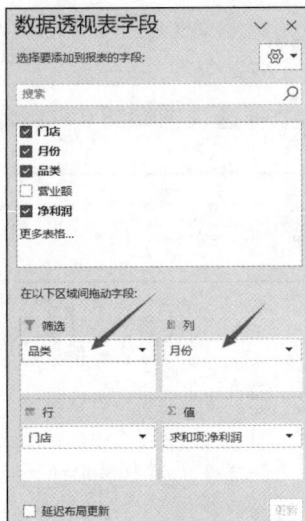

图 2-67　设置筛选条件

各门店各月的净利润如图 2-68 所示。

图 2-68　结果展示

2.4.3　数据透视图

在此前创建的数据透视表的基础上，可以直接创建数据透视图，这样能更加直观地分析数据。

首先创建各门店各月净利润数据透视表，如图 2-69 所示。

然后单击"数据透视图"选项，选择想要类型的数据透视图，如图 2-70 所示。

图 2-69　各门店各月净利润数据透视表

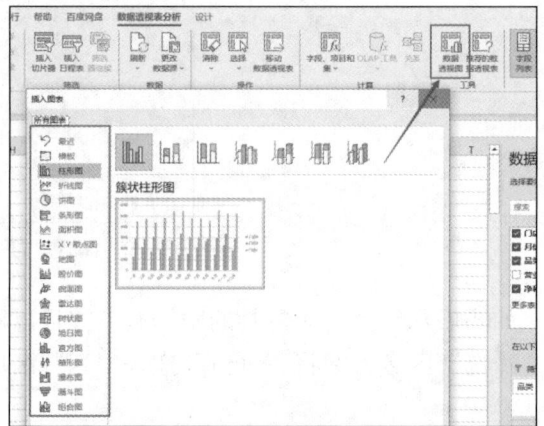

图 2-70　创建数据透视图

这里选择簇状柱形图，生成的数据透视图如图 2-71 所示。

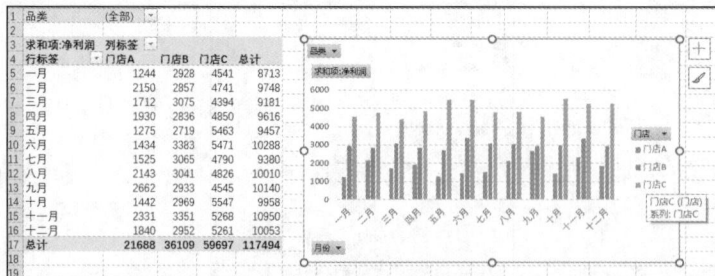

图 2-71　簇状柱形图

另外，我们还可以直接在数据源上建立数据透视图，这里不再详细说明具体的操作步骤。

习　题

1. 什么是工作簿？什么是工作表？

2. 什么是单元格？什么是活动单元格？

3. 可以用于导入 Excel 的常用文本格式有哪些？

4. 现有一份成绩表，记录着 8 位学生三门课程的成绩，如表 2-1 所示，要求按照总分从高到低排序，如果总分相同，则按照数学成绩排序。

表 2-1　学生成绩表

学号	语文	数学	英语
1	89	90	67
2	77	78	79
3	90	79	82
4	88	75	81
5	69	92	78
6	75	81	80
7	82	80	70
8	86	78	75

5. 什么是数据透视表？

第 3 章　Power BI Desktop 数据分析技术

Power BI 是一套集成化的商业智能工具，其架构围绕数据全生命周期设计，涵盖数据获取、清洗、建模、可视化与协作五大核心环节。Power BI 主要包括如下组件：Power BI Desktop（桌面端开发工具，支持数据整合与报表设计）、Power BI Service（云端平台，用于发布与共享报表）、Power BI Mobile（移动端查看工具）、Power Query（数据清洗工具）、Power Pivot（建模引擎）和本地数据网关（Gateway）。各组件协同实现从本地数据处理到云端协作的全流程覆盖。

其中，Power BI Desktop 实际上是一款强大的数据分析软件，也是一款商务智能工具。它提供了完整的数据处理流程，包括数据的获取、清洗、建模等环节，并通过可视化工具在短时间内生成各种报表。这些功能有助于个人或企业有效地分析数据，实现数据驱动业务，支持管理者作出更明智的决策。

Power BI Desktop 具备连接上百个数据源的灵活性，同时兼容 Web 和移动端设备，使用户能够轻松访问多维度的数据。通过其交互式、可视化的分析图表，用户可以清晰地了解数据之间的关系，进行深入分析。从某种程度上说，Power BI Desktop 可以被视为 Excel 的升级版，两者在功能上存在紧密的关联和互操作性。

3.1　Power BI Desktop 数据分析概览

Power BI Desktop 是微软官方推出的一款可视化数据探索和交互式报告工具，旨在帮助用户通过可视化和交互式报表来更深入地理解和分析庞大的数据集。

3.1.1　Power BI Desktop 的安装

1. 下载 Power BI Desktop 安装包

① 访问微软官网，下载 Power BI Desktop 安装包的界面如图 3-1 所示。

② 单击"查看下载或语言选项"来选择对应的版本进行下载，勾选所需下载的文件，随后单击左下角的"下载"按钮进行下载，如图 3-2 所示。

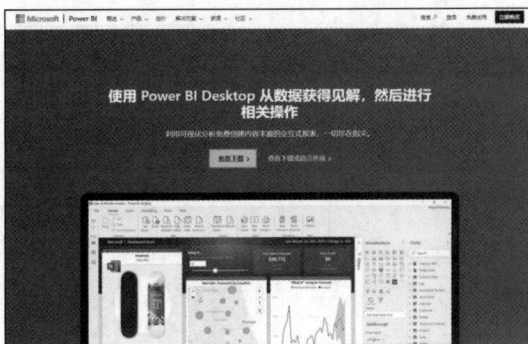

图 3-1　下载 Power BI Desktop 安装包界面

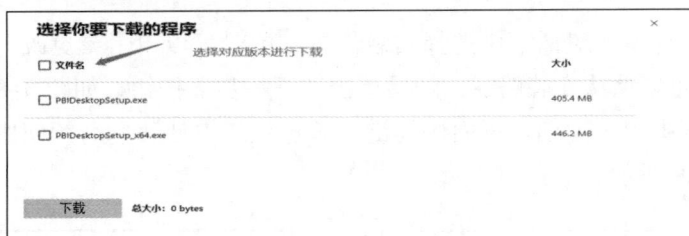

图 3-2　选择下载版本

2. 安装 Power BI Desktop

① 双击下载完的 "PBIDesktopSetup_x64.exe" 安装包进行安装操作，如图 3-3 所示。

图 3-3　打开 Power BI Desktop 安装包

② 在弹出的 "打开文件–安全警告" 对话框中直接单击 "运行" 按钮，如图 3-4 所示。

③ 在新对话框中，语言默认设置为 "中文（简体）"，也可以根据个人情况进行选择，随后单击 "下一步" 按钮，如图 3-5 所示。

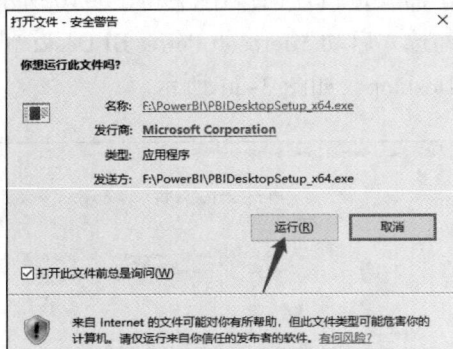

图 3-4　运行 Power BI Desktop 安装包

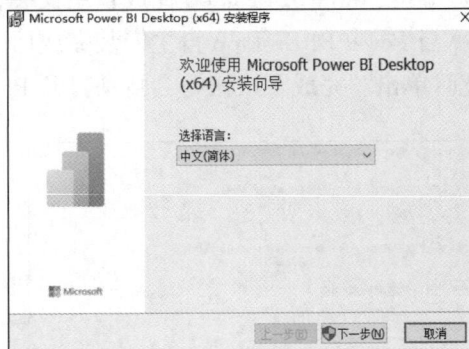

图 3-5　进入 Power BI Desktop 安装向导

④ 直接单击 "下一步" 按钮，如图 3-6 所示。

⑤ 在 "Microsoft 软件许可条款" 对话框中勾选 "我接受许可协议中的条款"，随后再次单击 "下一步" 按钮，如图 3-7 所示。

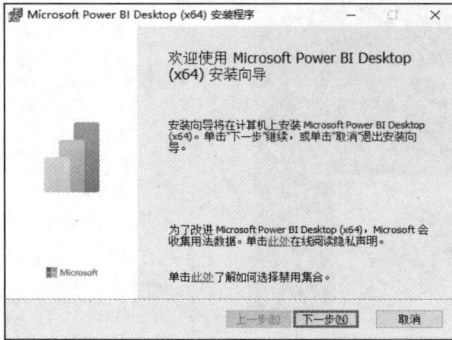

图 3-6　安装 Power BI Desktop

图 3-7　同意 Power BI Desktop 许可协议

⑥ 在"目标文件夹"对话框中选择安装位置，此时可以单击"更改"按钮来自行选择安装位置，当然也可以默认安装路径，随后单击"下一步"按钮，如图 3-8 所示。

⑦ 在新对话框中勾选"创建桌面快捷键"单选框，方便我们后续使用，然后单击"安装"按钮，如图 3-9 所示。

图 3-8　选择安装位置

图 3-9　进行 Power BI Desktop 的安装

⑧ 等待 Power BI Desktop 完成自主安装，此时不需要进行任何操作，如图 3-10 所示。

⑨ 当 Power BI Desktop 自主安装完成后，可以勾选"启动 Microsoft Power BI Desktop"选项，此时单击"完成"按钮将会自动打开 Power BI Desktop，如图 3-11 所示。

图 3-10　Power BI Desktop 自主安装中

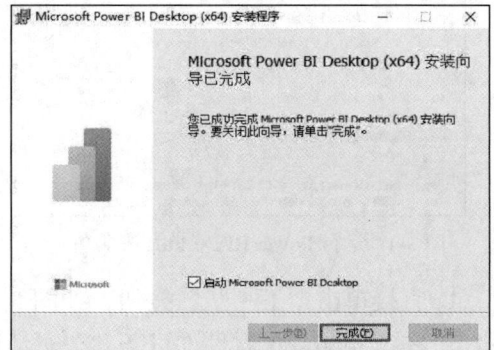

图 3-11　Power BI Desktop 安装完成

⑩ 打开之后，若出现图 3-12 所示的界面，就表示安装成功了，此时就可以对 Power BI Desktop 进行操作。

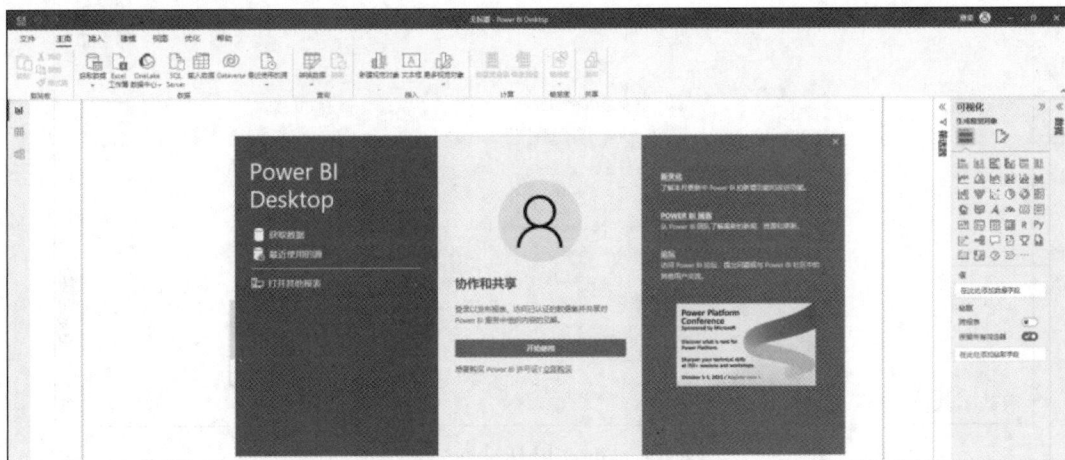

图 3-12　Power BI Desktop 运行界面

3.1.2　Power BI Desktop 的界面与功能

启动 Power BI Desktop 后，首先会显示启动界面，如图 3-13 所示。

图 3-13　Power BI Desktop 启动界面

在 Power BI Desktop 启动界面，用户可以选择获取数据、打开最近使用的源或打开其他报表。单击"开始使用"按钮会自动弹出输入电子邮件地址的界面来进行登录。如果用户不想注册登录，单击右上角的"关闭"按钮，即可直接进入 Power BI Desktop 的主界面进行体验。需要注意的是，在未登录账户的情况下，Power BI Desktop 的某些命令或功能可能不会显示。

进入 Power BI Desktop 主界面后，用户会发现其整体视觉效果比较简洁，布局清晰，包含开发报表常用的各种面板，主要包括功能区、视图和报表编辑器等组件，如图 3-14 所示。其中，报表编辑器包括"筛选器""可视化""数据"3 个窗口。

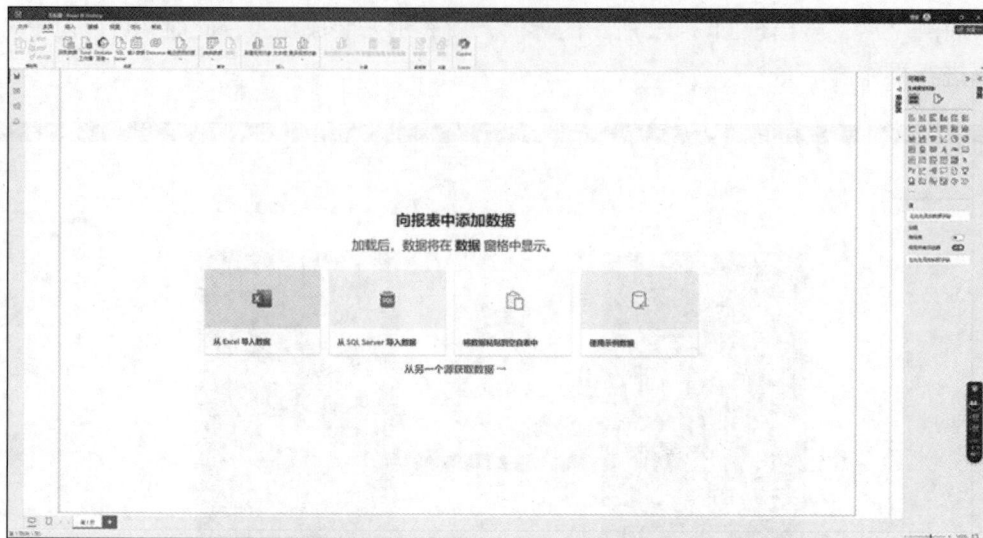

图 3-14　Power BI Desktop 主界面

1．功能区

功能区位于界面的顶部，以选项卡和组的形式分类功能按钮，使用户能够快速找到所需要使用的功能命令。功能区包括以下几个菜单或选项。

（1）"文件"菜单

单击功能区左上角的"文件"选项即可展开"文件"菜单，如图 3-15 所示。

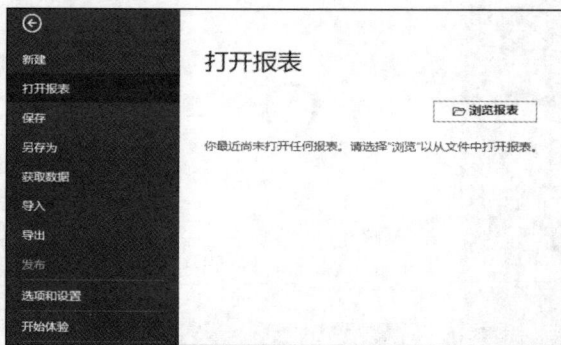

图 3-15　Power BI Desktop 功能区"文件"菜单

接下来对上面所列出的各个选项进行详细介绍。这些选项提供了更加便捷和高效的操作方式，以满足用户在使用该系统时的各种需求。

① 新建：新建新的报表。

② 打开报表：打开已经存在的报表。

③ 保存：保存修改后的报表。

④ 另存为：将正在使用的报表另外存储。

⑤ 获取数据：选择数据的来源，此功能和主页下方的"获取数据"命令相同。用户可以选择从 Excel 工作簿、Power BI 数据集、SQL Server 数据库等多个位置导入数据。

⑥ 导入：选择导入 Power BI 模板、来自文件的 Power BI 视觉对象，及来自 AppSource

的 Power BI 视觉对象。

　　⑦ 导出：将正在编辑的报表导出为 Power BI 模板或 PDF 文件。

　　⑧ 发布：将当前 Power BI 报表发布到 Power BI 服务，上传到云端后可以与他人共享。

　　⑨ 选项和设置：在子菜单中管理 Power BI Desktop 的选项和数据源设置。

　　⑩ 开始体验：打开 Power BI Desktop 的启动界面。

　　（2）"主页"选项

　　"主页"选项主要提供获取数据、转换数据、插入文本框、插入视觉对象、发布等相关操作，如图 3-16 所示。

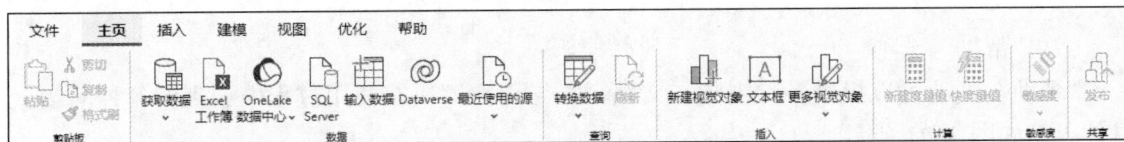

图 3-16　"主页"选项

　　（3）"插入"选项

　　"插入"选项主要是对"主页"选项中插入部分的扩充，包括视觉对象、AI 视觉对象、Power Platform、元素和迷你图，如图 3-17 所示。

图 3-17　"插入"选项

　　（4）"建模"选项

　　"建模"选项主要提供关系、计算、页面刷新、参数、安全性、问答等相关操作。具体界面如图 3-18 所示。

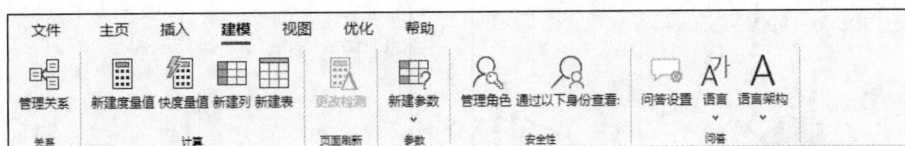

图 3-18　"建模"选项

　　（5）"视图"选项

　　"视图"选项主要提供与界面视觉和显示相关的操作。具体界面如图 3-19 所示。

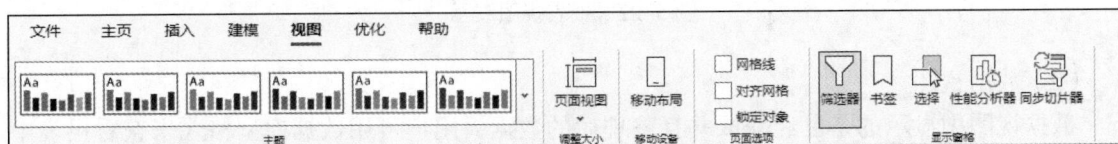

图 3-19　"视图"选项

（6）"优化"选项

"优化"选项允许用户暂停视觉对象查询和刷新视觉对象查询，从而不需要等待视觉对象加载并可以一次性刷新获得最新数据。同时用户通过此选项还能够进行优化报表设置、评审报表性能等操作。具体界面如图 3-20 所示。

图 3-20 "优化"选项

（7）"帮助"选项

"帮助"选项可以提供各种视频、文档来指导用户解决在使用过程中遇到的各种问题。具体界面如图 3-21 所示。

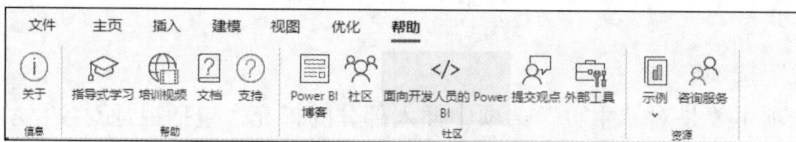

图 3-21 "帮助"选项

2. 视图

Power BI Desktop 将视图分为 3 类，分别为报表视图、数据视图和模型视图，用于与数据交互和创建报表。

（1）报表视图

报表视图为 Power BI Desktop 的默认视图，用于查看数据并利用它们生成视觉对象来设计报表。用户可以很方便地移动视觉对象并进行复制、粘贴、合并等操作。

在"可视化"窗口中，用户可以选择要创建的视觉对象并设置相关选项，随后在"数据"一栏中选择要在视觉对象中显示的字段，便可生成相关视图，如图 3-22 所示。

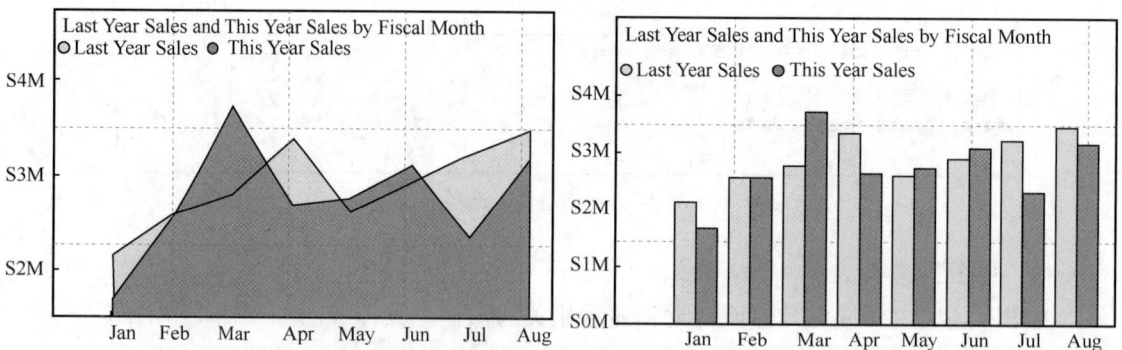

图 3-22 报表视图展示

（2）数据视图

数据视图中显示的是已经获取并且整理后的数据，用户可用数据模型格式来查看报表中的数据。该视图方便创建度量值、计算列及识别数据类型等操作。

（3）模型视图

模型视图用于获取已在数据模型中建立的关系的图形表示，并根据需要管理和修改它们，如图 3-23 所示。在包含许多表并且关系复杂的模型中尤为重要。用户可以手动定义关系，也可以让系统自动识别关系。

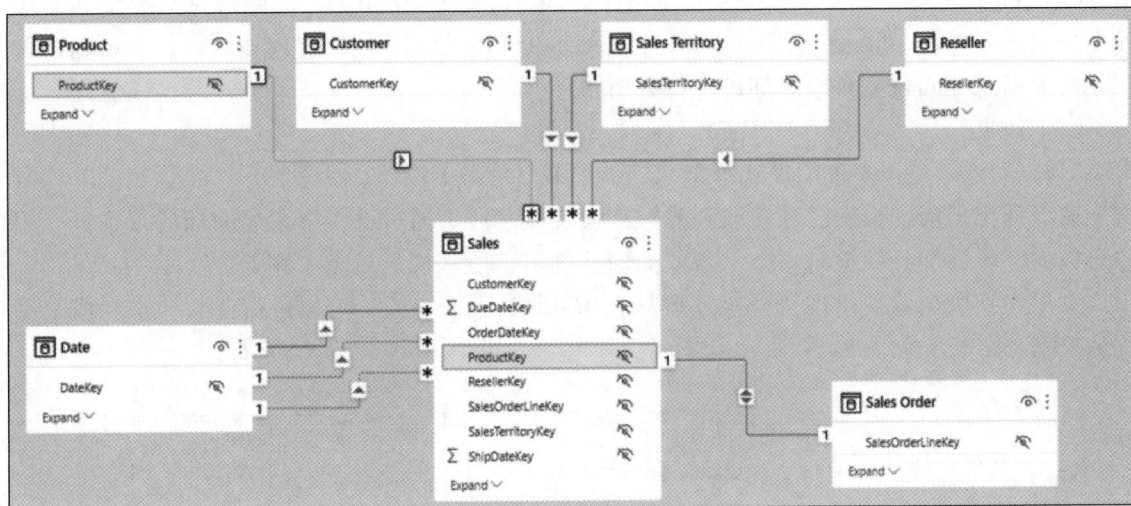

图 3-23　关系视图展示

当要查看 3 个视图中的任何一类时，用户可以单击主界面左侧导航窗口中的相应按钮进行切换。

3. 报表编辑器

报表编辑器由"筛选器""可视化""数据"3 个窗口组成。

（1）筛选器

在报表视图中，默认情况下"筛选器"窗口是隐藏的。用户可以单击筛选器上端的按钮将筛选器窗口展示出来，如图 3-24 所示。使用筛选器，用户可以让报表的视觉对象显示特定的数据内容并进行排序。选择要用的筛选器，并选中需要显示的值，报表画布中的视觉对象会随之发生变化，如图 3-25 所示。

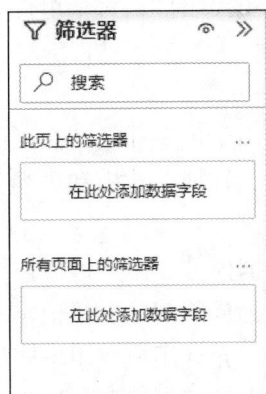

图 3-24　筛选器窗口

图 3-25　设置筛选类型

（2）可视化

"可视化"窗口在报表视图模式中默认为显示状态，如图 3-26 所示。"可视化"窗口列出了可以在报表中创建的各种常用视觉对象，包括表、条形图、柱形图、饼图等。如果需要更多的视觉对象，单击视觉对象列表最后的⋯选项，随后在新的菜单中选择"获取更多视觉对象"或者"从文件导入视觉对象"。同时也可以在该菜单中单击"删除视觉对象"和"还原默认视觉对象"，如图 3-27 所示。另外，在"可视化"窗口下单击 和 按钮，可以设置视觉对象格式和向视觉对象添加进一步分析。

（3）数据

"数据"窗口在报表视图模式下默认隐藏，用户单击 ≪ 按钮，便可展开"数据"窗口。"数据"窗口列出了当前报表已经获取到的数据表及其字段。通过选中字段名前面的复选框，用户可以将字段添加到视觉对象中，若取消勾选则将字段从视觉对象中删除。

如果在字段名前面出现符号 Σ，就表示该字段为聚合字段，可以进行计数、求和或求平均值等聚类分析，如图 3-28 所示。

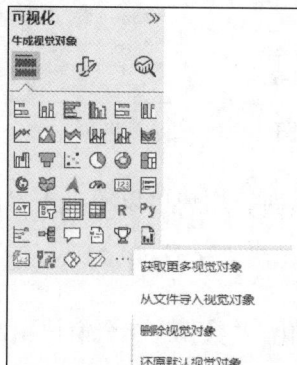

图 3-26　"可视化"窗口　　　图 3-27　获取更多视觉对象下拉菜单　　　图 3-28　"数据"窗口

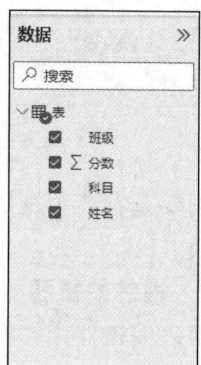

3.1.3　Power BI Desktop 与 Power BI Service

Power BI Desktop 和 Power BI Service 是 Power BI 的 2 个主要组件，每个组件有不同的功能和用途。接下来将对它们进行详细介绍并进行比较。

1. Power BI Desktop

Power BI Desktop 是一款免费的 Windows 应用程序，专门用于创建和发布高级的数据分析报表。它是一款功能强大的工具，提供了丰富的功能来导入、转换、建模和可视化数据。以下将对 Power BI Desktop 的特点进行介绍。

① 数据建模：Power BI Desktop 允许用户创建和管理数据模型。用户可以连接各种数据源并进行数据转换操作，构建表格、关系和层次结构，并添加计算列和度量值字段等。

② 可视化：Power BI Desktop 提供了丰富的可视化工具，允许用户使用不同类型的图表和矩阵来呈现数据。同时用户可以自定义图表的外观，添加交互式过滤器和视觉效果，并创建动态报表。

③ 数据分析：Power BI Desktop 具有强大的数据分析功能。用户可以使用内置的函数和数据分析表达式（DAX）进行计算和衍生指标。此外，它还支持高级数据分析功能，如数据切片、钻取、交叉过滤等。

④ 报表发布：使用 Power BI Desktop，用户可以将报表和仪表板发布到 Power BI Service，以便在 Web 上共享和访问。用户还可以选择不同的发布选项，并设置数据更新策略和安全权限。

2. Power BI Service

Power BI Service 有时也称作 Power BI Online，是 Power BI 的在线平台，用于共享、协作和管理 Power BI 报表和仪表板。在典型的 Power BI 开发的工作流程中，用户使用 Power BI Desktop 创建报表，然后把该报表发布到 Power BI Service 中。用户在 Power BI Service 中创建仪表板，并可以把报表或仪表板分享给其他用户。接下来将对其特点进行介绍。

① 在线访问：Power BI Service 允许用户通过 Web 浏览器或移动设备访问报表和仪表板。用户可以从任何地方、任何设备上查看和探索数据。

② 共享与协作：Power BI Service 提供了共享和协作功能，让用户能够和其他人一起工作。用户可以与同事共享报表，只需要设置不同的权限，就可以控制对数据的访问和编辑权限。

③ 计划与自动化：Power BI Service 提供了计划和自动化功能，让用户可以设置数据刷新计划，使报表保持最新状态。此外，用户还可以创建警报和数据警戒线，以便在数据达到预定条件时及时接收通知。

④ 扩展性和整合性：Power BI Service 中集成了许多服务和工具，如 Azure、Teams、SharePoint 和 Office 365 等。这允许用户将 Power BI 报表嵌入其他应用程序，并与其他大数据工具和云服务进行整合。

3. Power BI Desktop 与 Power BI Service 的区别

① 功能和灵活性：Power BI Desktop 具有丰富的功能和高度的灵活性，使用户能够进行复杂的数据转换、建模和分析。而 Power BI Service 更专注于在线共享、访问和协作，提供了更多与团队协作和数据管理相关的功能。

② 平台和访问方式：Power BI Desktop 是一款本地应用程序，需要将其安装在计算机上才能使用。而 Power BI Service 是一个在线平台，可以通过 Web 浏览器或移动设备访问，允许用户在任何地方进行数据探索和分享。

③ 数据更新和自动化：Power BI Desktop 中的数据更新是手动的，用户需要定期进行数据导入和转换操作。而 Power BI Service 提供了自动数据刷新和计划功能，可以定期更新报表数据，并提供警报和数据警戒线的设置。

④ 共享和协作：Power BI Service 提供了更强大的共享和协作功能，支持多用户的同时编辑和访问。Power BI Desktop 则主要用于报表和仪表板的创建，需要将其发布到 Power BI Service 才能与他人共享和协作。

总体而言，Power BI Desktop 和 Power BI Service 是相互补充的工具。Power BI Desktop 用于创建和定制报表，提供了强大的数据分析和建模功能；而 Power BI Service 用于在线共享、访问和协作，提供了更多的自动化和团队协作功能。用户可以在两个工具之间进行无缝集成和转换，以满足不同的数据分析需求。

3.1.4 数据加载与数据连接

数据分析最重要的一环是数据获取。创建报表的第一步是连接并加载数据源。Power BI Desktop 可以从多种不同类型的数据源获取数据，在 Power BI Desktop 功能区的"主页"选项卡中直接单击"获取数据"选项，单击后用户可以看到 Power BI Desktop 所支持的多种数据源类型，包括文件、数据库、Microsoft Fabric、Power Platform、Azure、联机服务和其他，如图 3-29 所示。

图 3-29   "获取数据"窗口

① 文件：包括 Excel、文本/CSV、XML、JSON、PDF、Parquet 等类型的文件。

② 数据库：包括 SQL Server 数据库、Access 数据库、Oracle Database、MySQL 数据库等。

③ Microsoft Fabric：一体化数据分析解决方案。

④ Power Platform：包括数据流、Dataverse、Power BI 数据流（旧版）等。

⑤ Azure：包括 Azure SQL 数据库、Azure Synapse Analytics SQL、Azure Blod 存储、Azure 表存储等。

⑥ 联机服务：包括 SharePoint Online 列表、Dynamics 365（Dataverse）、Adobe Analytics 等。

⑦ 其他：包括 Web、OData 数据源、Spark、Python 等。

理论上没有 Power BI Desktop 不能连接的数据源，因为用户可以使用自定义的连接器来连接特殊的数据源。

下面将介绍 Power BI Desktop 连接几种常用类型数据源的操作方法。

1. 从文件导入数据

如上所述，Power BI Desktop 可以获取到的文件包括 Excel、文本/CSV、XML、JSON、PDF、Parquet 等。其中比较常见的数据源为 Excel 和文本/CSV 文件。其中 CSV 以纯文本形式存储表格数据（数字和文本）。Excel 是处理数据、进行图表分析的一大利器，是极其大众化的办公软件，甚至可以被视为 Power BI Desktop 的前身。

因为从文件导入数据的步骤极其类似，下面将介绍 Excel 格式文件的获取方法。具体操作步骤如下。

① 在"主页"选项卡中选择"获取数据"选项，随后在弹出的菜单中单击"Excel 工作簿"（如果是连接其他类型的文件，只需要在此处选择对应的类型即可。后续操作类似）。在打开的对话框中，切换路径到 Excel 文件的保存位置，选择所需要的文件，如图 3–30 所示。

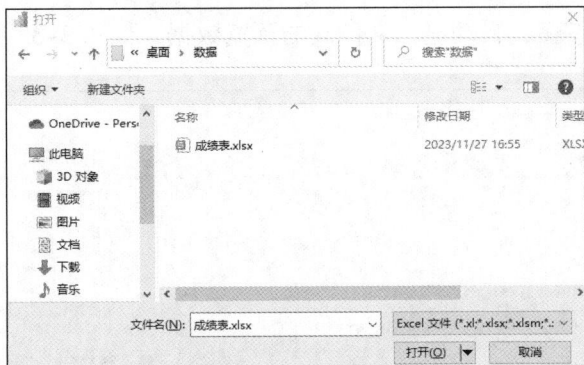

图 3–30　获取 Excel 类型文件

② 单击"打开"按钮，Power BI Desktop 将会自动打开"导航器"界面。新界面左侧显示连接的 Excel 文件中的工作表，选中之后右侧就会显示表的具体内容。单击右下角的"加载"按钮，Power BI Desktop 将加载并导入选定的数据表格，如图 3–31 所示。

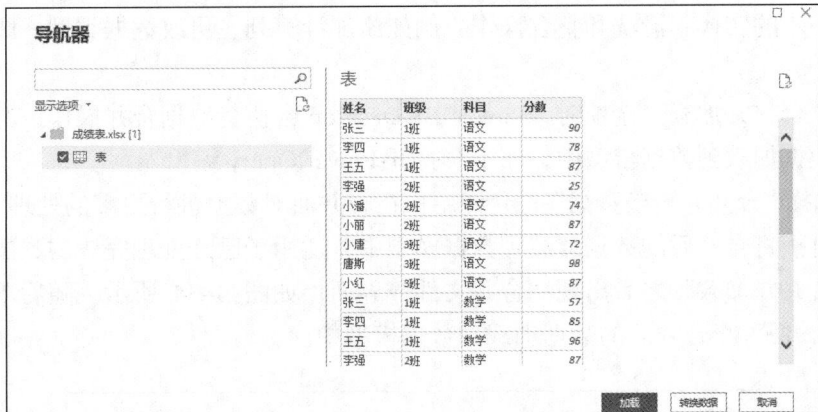

图 3–31　加载并导入数据表格

2. 从文件夹导入数据

在 Power BI Desktop 中，文件夹是一种较特殊的数据源，它在实际的工作中非常实用，特别适用于需要处理多个相关文件的场景。连接文件夹的时候，用户可以将文件夹内的各种相关文件信息作为数据导入。具体的操作步骤如下。

① 在"主页"选项卡中选择"获取数据"选项，随后在弹出的菜单中，选择"文件夹"选项并单击右下角的"连接"按钮。此时会出现"文件夹"对话框。在对话框中，用户可以单击"浏览"按钮选中所需要的文件夹或者直接复制文件夹的路径。此处选择的文件夹路径如图 3–32 所示。

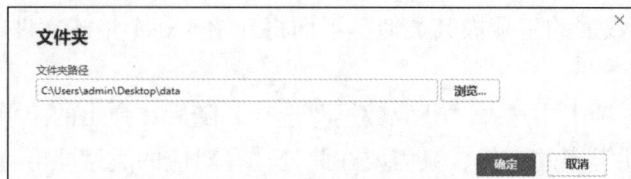

图 3-32　"文件夹"对话框

② 单击"确定"按钮，自动显示文件夹的预览数据，如图 3-33 所示。

图 3-33　文件夹的预览数据

③ 单击"组合"按钮，会出现"合并并转化数据"和"合并并加载"两个按钮供选择。

- 选择"合并并转换数据"选项时，Power BI Desktop 将会执行数据合并操作，并且在执行合并操作后会进入 Power Query 编辑器界面。在这个界面中，用户可以对数据进行进一步的转换、清洗和整合操作，例如添加计算列、更改数据类型、删除不需要的列等。
- 选择"合并并加载"选项时，Power BI Desktop 会执行数据合并操作，并直接将合并后的数据加载到数据模型中，而不会打开 Power Query 编辑器。

因此，选择"合并并转换数据"将允许用户在合并后对数据进行更多的处理，而选择"合并并加载"直接将合并后的数据加载到数据模型中，适用于已经处理完毕的数据。

单击"合并并加载"之后出现"合并文件"界面，如图 3-34 所示。随后单击右下角的"确定"按钮，便可将合并后的数据加载到数据模型中。

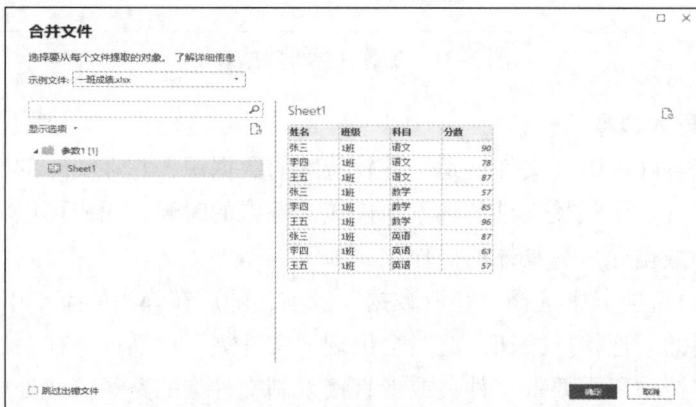

图 3-34　"合并文件"界面

3. 从数据库导入数据

Power BI Desktop 可以连接多种类型的数据库,包括上述提到的 SQL Server 数据库、Access 数据库、Oracle Database、MySQL 数据库等。连接各种数据库的方法基本相同,接下来我们将以连接 SQl Server 数据库为例,向大家介绍如何从数据库导入数据。具体步骤如下。

① 在"主页"选项卡中,选择"获取数据"选项,随后在弹出的菜单中,选择左侧的"数据库"选项,可以显示连接到各种主流数据库的选项,如图 3-35 所示。

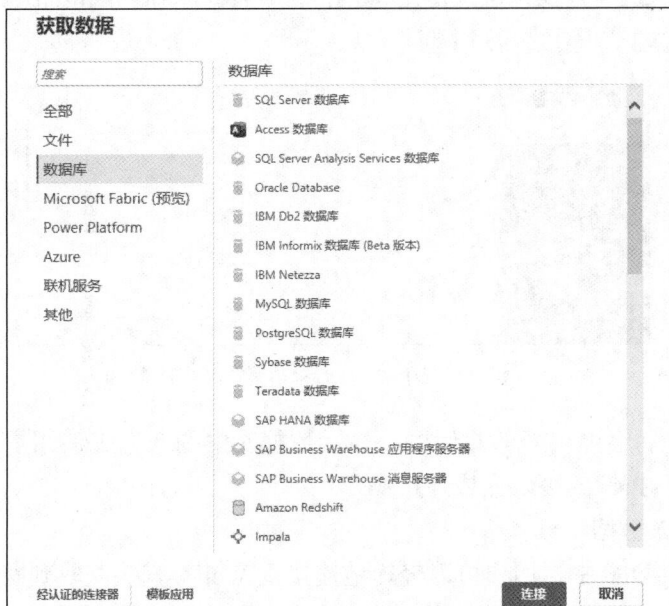

图 3-35　支持的数据库类型

② 选择需要连接的数据库,例如选中 SQL Server 数据库,然后单击"连接"按钮,将会弹出新的对话框,如图 3-36 所示。

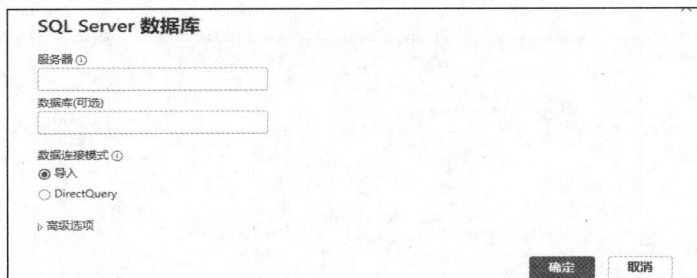

图 3-36　服务器设置选项

在"服务器"一栏中输入 SQL Server 数据库服务器名称,如果是本地服务器,可用"local"代替。在"数据库"一栏中可以输入要连接的 SQL Server 数据库的名称。数据连接模式会显示"导入"和"DirectQuery"两种模式,其中默认连接模式为"导入"。

在导入模式下,Power BI Desktop 会将数据库中的数据完全加载到内存中,并在 Power BI Desktop 文件中保存数据的副本。这意味着一旦数据被导入,Power BI Desktop 将独立于源数据库，并且可以在没有连接到原始数据库的情况下进行数据分析和可视化。

在 DirectQuery 模式下，Power BI Desktop 不会将数据复制到本地，而是直接向源数据库发送查询请求，并实时获取数据。这意味着 Power BI Desktop 报表中的数据永远都是最新的。

通常来说，对于小型数据集和需要频繁使用的数据，可以选择导入模式；对于大型数据集或需要实时更新数据的情况，可以选择 DirectQuery 模式。

③ 填写好以上信息后，单击"确定"按钮，将弹出新的对话框，如图 3-37 所示。在对话框中设置数据库的访问方式，可以使用 Windows、数据库和 Microsoft 账户方式，用户根据实际情况设置之后单击"连接"按钮即可。

图 3-37　用户访问数据库身份验证

④ 成功连接之后会弹出新的对话框，显示数据库中的数据表，用户选中要加载的数据表，再单击"加载"按钮就可以完成连接操作。

4. 从 Web 导入数据

在 Power BI Desktop 中，用户可以轻松地连接到 Web，直接获取到网页中的数据。以下是一个实际的例子，演示如何通过 URL 获取基于第七次人口普查的"全国各省人口排名"的数据。具体操作步骤如下。

① 首先在百度搜索引擎中搜索需要的资料，此处以"全国各省（区、市）人口排名"为例。在百度搜索框中输入"全国各省（区、市）人口排名"之后单击第一条百度百科链接，打开相应页面，如图 3-38 所示。

全国各省（区、市）人口排名			
备注：2022年数据更新中，序号标红的为最新数据，排名仅供参考			
排名	地区	常住人口	六普人口
1	广东省	12656.8万	10432.05万
2	山东省	10162.79万	9579.27万
3	河南省	9872万	9402.99万
4	江苏省	8515万	7866.09万
5	四川省	8374万	8041.75万
6	河北省	7420万	7185.42万
7	湖南省	6604万	6570.08万
8	浙江省	6577万	5442.69万
9	安徽省	6127万	5950.05万
10	湖北省	5844万	5723.77万
11	广西壮族自治区	5047万	4602.38万
12	云南省	4693万	4596.68万
13	江西省	4527.98万	4456.78万
14	辽宁省	4197万	4374.63万
15	福建省	4188万	3689.42万
16	陕西省	3956万	3732.74万

图 3-38　"全国各省（区、市）人口排名"页面数据

② 打开 Power BI Desktop，在"主页"选项卡中单击"获取数据"选项，随后选中"Web"选项并单击右下角的"连接"按钮。出现图 3-39 所示的对话框，在对话框中粘贴从百度复制的 URL，然后单击"确定"按钮。

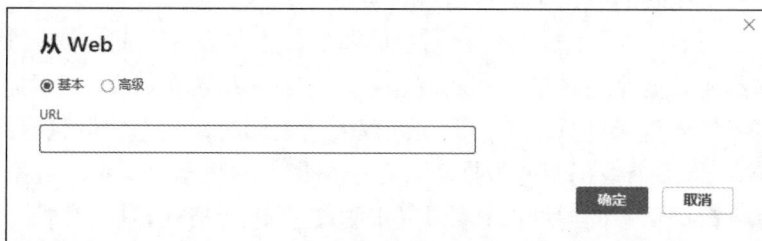

图 3-39　导入 URL

③ 连接成功后会弹出"导航器"窗口，在此对话框中，选中表格（通常标记为"表 1"），在右侧的"预览"区域中会显示我们所需要的数据，如图 3-40 所示。确认数据无误后，单击"加载"按钮，将数据直接导入 Power BI Desktop，进入数据建模界面。

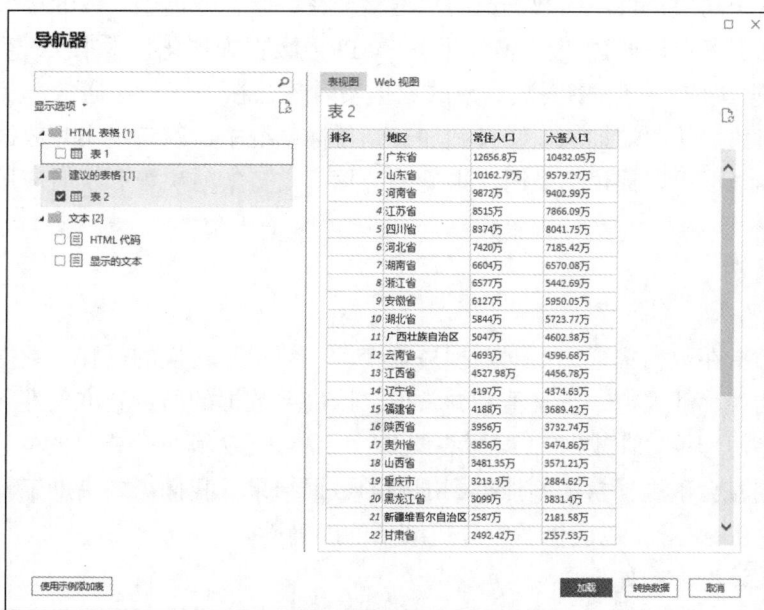

图 3-40　加载或编辑 Web 数据

3.2　Power BI Desktop 的基本操作

3.2.1　数据集成

在当今数字化时代，企业面临着海量数据和分散的信息孤岛的挑战，数据集成是解决这一挑战的关键，它涉及将来自不同数据源的数据合并到一个统一的数据集中的过程。在现实世界中，数据通常来源不同，其格式和结构可能不同。数据集成的目标是将这些数据整合到一个单一、一致的视图中，以便于进一步处理和分析。

接下来将对其中主要的数据集成方法进行讲解。

① 手动集成：指通过人工操作将不同数据源的数据整合在一起。这通常包括使用电子表格、文本编辑器或数据库工具来手动复制、粘贴、编辑和转换数据。手动集成的优点是灵活性高，可以根据具体需求进行定制，但在处理大量数据时，效率较低且容易出错。

② 数据仓库：将多个数据源的数据整合在一个集中的数据存储中。数据仓库通过抽取、转换和加载过程将数据从不同源抽取到数据仓库中，并进行格式转换和清洗。数据仓库提供了一种结构化方式来存储和管理数据，方便后续的数据分析和查询。

③ 数据集成工具：用于数据集成的软件工具。这些工具通常提供图形界面和预定义的数据集成方法，可以通过拖放、配置和连接不同数据源来实现数据集成。数据集成工具提供了简便和自动化的方式来处理数据集成任务，减少了手动操作的工作量。

④ 数据服务：一种将数据整合并提供给用户或应用程序的方式。数据服务充当数据集成和数据访问的中间层，将不同数据源的数据整合在一起，并提供一致的接口供用户进行查询和访问。数据服务可以通过使用 Web 服务、API 或数据虚拟化技术来实现数据集成。

⑤ 实时数据集成：指将不同数据源的数据实时整合在一起。这通常涉及使用实时数据流处理技术，将数据从源端抽取、转换和加载到目标系统中，以满足实时数据分析和应用的需求。实时数据集成可以提供更及时、准确的数据，支持实时决策和实时应用。

3.2.2　数据清洗

数据清洗是指在数据集成之后对数据进行校验、纠正和转换的过程。数据清洗的目标是消除数据中的错误、缺失值、重复值和异常值，以确保数据的质量和准确性。简而言之，数据清洗的目标是清理掉"脏数据"，即那些偏差、混乱或无法满足分析目的的数据，"脏数据"导致数据在使用时会出现异常，不能得到准确的数据结果。我们需要借助工具，按照一定的规则清理这些"脏数据"，以确保后续分析结果的准确性。

常见的数据清洗方式如下。

① 缺失值处理：识别和处理缺失值，可以通过填充默认值、删除包含缺失值的记录或使用插值等方法处理。

虽然可以直接删除有缺失值的行记录或列字段，以减少趋势数据记录对整体数据的影响，从而提高数据的准确性。但这种方法并不适用于所有场景，因为丢失意味着数据特征信息会减少，特别是当数据集中存在大量不完整的数据记录，以及带有缺失值的数据记录大量存在明显的数据分布规则。与丢弃相比，补充是一种更常用的缺失值处理方法，通过某种方法补充缺失的数据，以保留数据集的完整性和丰富性。

② 重复值处理：识别并删除重复的数据行，以避免产生重复的分析结果。去重操作应在去除空格等操作之后进行，以确保数据清理的全面性，例如可能存在的多个空格会导致工具认为"张三"与"张　　三"不是一个人而去重失败。

③ 异常值处理：识别和处理异常值，可以通过将其替换为合理的值、删除异常值或使用统计方法进行处理。其中，异常值是指一组测定值中与平均值的偏差超过两倍标准差的测定值。处理异常值有助于提高数据的一致性和可靠性。

④ 数据格式转换：将数据转换为一致的格式，例如日期格式、数值类型转换等。如果数据来自系统日志，那么在格式和内容方面通常与元数据的描述一致。而如果数据来自人工收集或用户填写，则很可能存在格式和内容上的问题，因此需要进行数据格式转换。在进行格式转换时，可能会遇到以下问题。

- 时间、日期、数值、全半角等显示格式不一致。只需要将其处理成一致的格式。
- 内容中有不该存在的字符。常见情况包括开头、结尾、中间的空格，也可能是在姓名中出现数字符号、在身份证号中出现汉字等问题。这种情况下，需要采用半自动校验加半人工方式来找出潜在问题，去除不需要的字符。
- 内容与该字段应有内容不符。例如把身份证号写成了手机号。处理这类问题时需要识别问题类型，不能简单地将其删除，因为问题可能源自人工填写错误、前端未校验，或导入数据时未对齐。因此，在处理之前需要详细了解问题的具体情况。

3.2.3　数据归约

数据归约是一种缩减数据集规模的策略，旨在减少存储空间和计算成本，同时保留关键信息。数据归约可以通过特征选择（选择最相关的特征）、实例选择（选择重要的数据样本）或数据压缩（如主成分分析）来实现。

① 特征选择：侧重于根据特征的权重或相关性，选择数据集中最关键的特征，从而降低特征的数量。这有助于简化数据集并提高计算效率。

② 实例选择：注重根据样本的重要性或代表性，选择数据集的子集样本，以缩减整体数据规模。这一步骤有助于在保留关键信息的同时缩小数据集的体积。

③ 数据压缩：采用压缩算法（如主成分分析），将数据转换为具有较低维度表示的形式，同时保留原始数据的大部分信息。通过这种方式，可以在减少数据量的同时，尽可能地保持数据的重要特征。

3.2.4　数据变换

数据变换是在数据清洗和归约后，对数据进行进一步转换的过程，旨在改变数据的表示形式或凸显特定的特征。常见的数据变换方法包括标准化、归一化、离散化和正则化。

① 标准化：旨在将数据转换为均值为 0、标准差为 1 的标准正态分布，从而消除不同特征之间的量纲差异。这有助于确保各个特征在模型训练中的权重被更为一致地考虑。

② 归一化：目标是将数据缩放到一个特定的范围，例如[0,1]或[-1,1]，以便于后续处理。这种变换确保了数据集的数值范围在一个更加可控的区间内。

③ 离散化：将连续的数值特征转换为离散的取值范围。这对于某些算法，特别是需要处理分类问题的算法，具有重要的意义。

④ 正则化：将数据规范化为单位长度，通常被应用于文本分类和文本挖掘等任务。这一步骤有助于在处理自然语言文本时维持数据的结构和关联性。

这些数据变换方法提供了丰富的手段，通过在数据预处理阶段引入这些变换，我们能够更好地适应不同的建模需求，提高模型的鲁棒性。

3.3 数据建模分析

在 Power BI Desktop 中，数据建模是指通过构建数据模型来组织、关联和分析数据的过程。数据建模的主要目的是创建一个结构良好、易于理解且能够支持复杂分析的数据结构。这包括建立多个数据表之间的关系，而关系的建立则是数据建模过程中的一个重要组成部分。

3.3.1 数据表关系

在 Power BI Desktop 中，数据表关系是指两张或多张数据表之间的逻辑关联。这种关联不仅包含记录之间的基数关系，还包括交叉筛选方向。通过建立关系，可以将不同表中的数据整合到一起，从而进行更深入的数据分析和可视化。

为了在 Power BI Desktop 中正确地使用关系，首先需要了解下面的几个概念。

1. 基数关系

数据表的基数关系是指一张表中的记录与另一张表中的记录之间的数量关系。基数关系通常有 3 种类型：一对一关系（1:1）、一对多或多对一关系（1:N 或 N:1）和多对多关系（N:N）。具体含义如下。

① 一对一关系（1:1）：指两张表中每条记录只能对应另一张表中的一条记录。例如，在人员信息表和身份证信息表中，每个人只有一个身份证号码，而每个身份证号码也只属于一个人，这就是一个一对一关系。

② 一对多或多对一关系（1:N 或 N:1）：指一张表中的一条记录可以对应另一张表中的多条记录，多对一关系是指一张表中的多条记录对应另一张表中的一条记录。这是最常见的默认类型。例如，在客户信息表和订单信息表中，一个客户可以有多个订单，但一个订单只能属于一个客户，这就是一个一对多关系。

③ 多对多关系（N:N）：指两张表中的记录可以互相对应。例如，在学生信息表和课程信息表中，一个学生可以选修多门课程，而一门课程也可以被多个学生选修，这就是一个多对多关系。

2. 交叉筛选方向

数据表的交叉筛选方向是指在关系中两张表之间进行筛选操作时的默认行为。交叉筛选方向有两种：单向筛选和双向筛选。具体含义如下。

① 单向筛选：在单向筛选中，筛选操作只会在一个方向上生效。默认情况下，Power BI Desktop 中的关系是单向筛选，也就是从主表到从表的方向进行筛选。这意味着当从主表选择某个值时，从表只会显示与该值相关的记录。但是，从表的筛选不会影响主表的显示。

② 双向筛选：在双向筛选中，筛选操作可以在两张表之间进行双向传递。通过设置双向筛选，当从主表选择某个值时，从表会显示与该值相关的记录，并且从表的筛选也会反向传递到主表，主表只会显示与从表筛选相关的记录。

在 Power BI Desktop 中，用户可以根据需求来选择使用单向筛选还是双向筛选。单向筛选适用于大多数情况下，可以减少数据量，提高性能。而双向筛选则适用于需要同时在两张表中进行交互式筛选和分析的情况。但需要注意，在处理大型数据集时，双向筛选可能导致数据模型复杂化和性能下降，因此在使用双向筛选时，需要谨慎考虑数据模型的设计和性能优化。

3.3.2　创建与管理数据模型

前文已经详细地介绍了如何进行数据加载与数据连接，本小节将对创建与管理数据模型的整体流程进行简单介绍。

① 启动 Power BI Desktop 应用程序。

② 单击主页选项卡，在"获取数据"组中选择合适的数据源。Power BI Desktop 支持多种数据源，例如数据库、文件（如 Excel、CSV）、Web 等。不同数据源的获取方式也不同，具体步骤可以参照前文。

③ 成功连接到数据源后，Power BI Desktop 会显示一个预览窗口，其中列出了可用的数据表或查询。用户可以选择要导入的数据表，也可以编写自定义查询以获取特定的数据。

④ 单击"加载"按钮，将所选的数据加载到 Power BI Desktop 中。在加载过程中，Power BI Desktop 会执行一系列数据处理操作，例如数据类型推断和数据清洗。

⑤ 数据加载完成后，Power BI Desktop 的右侧将显示一个"字段"窗口。该窗口列出了所导入数据的字段。用户可以使用这些字段来构建数据模型。

⑥ 在"字段"窗口中，用户可以执行各种管理和转换操作。例如，单击"新建列"按钮并在公式栏中编写表达式，创建新的计算字段。

⑦ 如果数据源包含多张表，并且这些表之间存在关系，用户可以在"字段"窗口中选择两个相关的表，并使用鼠标拖动一个字段到另一个字段上来建立关系。

⑧ 用户还可以在"字段"窗口中更改字段的数据类型，例如将文本字段转换为日期字段或数值字段。此外，用户还可以对字段进行重命名、添加别名和设置其他属性操作。

⑨ 在 Power BI Desktop 的"视图"选项卡中，用户可以使用各种可视化组件来展示和分析数据模型。这些工具包括各种图表（如柱形图、折线图、饼图）、表格、地图等。

⑩ 通过拖放字段到可视化组件上，并设置相关属性，用户可以根据需要来设计和定制报表。还可以添加交互式功能（如筛选器、切片器）以提供更好的用户体验。

⑪ 完成数据模型的创建和管理后，请保存报表文件。Power BI Desktop 支持多种文件格式，包括 PBIX（Power BI Desktop 文件格式）、PDF、Excel 等。

⑫ 当完成报表的设计后，用户可以通过 Power BI Desktop 服务进行共享和发布。通过 Power BI Desktop 服务，用户可以创建仪表板、设置数据刷新计划、与他人共享报表等，从而实现更广泛的数据应用与分析。

3.3.3　使用 DAX 函数进行数据计算

DAX（数学分析表达式）是 Power BI Desktop 中的一种公式，用于计算、聚合和转换数据。它类似于 Excel 中的函数，但具有更强大的表达能力。

DAX 函数用于创建计算列、衍生指标和度量等，以满足更高级的数据分析和报表制作需求。它可以在 Power BI Desktop 的计算字段中使用，也可以在 Power Query 编辑器中用于数据转换和清洗。

1. DAX 语法

DAX 由 3 个部分组成，从左到右依次是度量值的名称、赋值符号（=）和表达式内容。其中，表达式内容以函数为主体。此处举出一个实例，如图 3-41 所示。

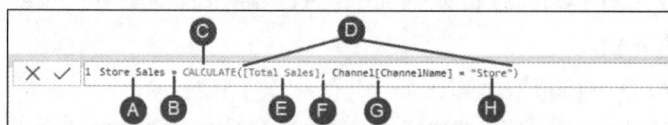

图 3-41　DAX 语法实例

DAX 函数的组成元素和书写规范说明如下。

（1）度量值

度量值是一个标量值，通常用于表示单个值，可以在报表的任意位置使用。在图 3-41 中，A、E 为度量值。

（2）等号

等号（=）代表公式的开始，后面紧跟着用于执行各种计算的表达式。在图 3-41 中，B 为等号。

（3）函数

函数接收一个或多个参数作为输入，用于计算。参数可以是列、常量、表达式或其他函数的返回值。参数之间使用英文逗号进行分隔。不同函数需要的参数数量和类型各不相同。在图 3-41 中，C 为函数。

（4）括号

括号用于将一个或者多个参数表达式括住。在图 3-41 中，D 为括号。

（5）逗号

逗号用于将参数分隔开。在图 3-41 中，F 为逗号。

（6）行上下文

行上下文是 DAX 公式计算时的环境，它基于当前行的上下文进行计算。行上下文使公式能够根据每一行的值进行动态计算。例如，计算列时，公式会针对每一行的值进行计算。在图 3-41 中，G 为行上下文，此列中的每行各指定一个通道，例如"Store"或"Online"。

（7）筛选器

DAX 公式可以使用筛选器来限制计算的范围。筛选器可以基于某个条件或表达式对数据进行筛选。在图 3-41 中，H 为筛选器。

虽然 DAX 公式和 Excel 公式都是用于计算和分析数据的公式，但它们之间存在以下显著的区别。

① 数据模型：DAX 公式是在 Power BI Desktop、Power Pivot 和 Analysis Services 等数据模型中使用的，而 Excel 公式则是在单张工作表或工作簿中使用的。DAX 公式可以对整个数据模型中的多张表进行计算和分析，而 Excel 公式通常只能操作当前工作表的数据。

② 聚合功能：DAX 公式在处理大量数据时具有强大的聚合功能，可以计算总和、平均值、最大/最小值等统计指标。相比之下，Excel 公式更倾向于在单个单元格或范围内进行简单的计算，不太适合处理大规模的数据。

③ 行上下文：DAX 公式基于行上下文进行计算，它可以根据每一行的值动态计算结果，这使在数据模型中进行复杂的聚合和过滤变得更容易。Excel 公式没有类似的行上下文概念，它通常只能在当前单元格的上下文中进行计算。

④ 函数库：DAX 公式拥有专门为数据分析设计的函数库，提供了丰富的聚合、逻辑和文本函数，如 SUM、AVERAGE、IF、CALCULATE 等。Excel 公式也有自己的函数库，但与 DAX 公式相比较为简单，更侧重于处理常见的电子表格计算。

⑤ 大数据处理：由于 DAX 公式是在数据模型中运行的，它可以处理大量的数据，并具有优化性能的功能。Excel 公式在处理大数据量时可能会变得缓慢和不稳定。

⑥ 大小写不敏感：DAX 公式不区分大小写。

2. DAX 运算符

DAX 使用运算符来创建比较值、执行算术计算或处理字符串的表达式。其中，DAX 运算符包含 4 种不同的类型：算术运算符、比较运算符、文本串联运算符和逻辑运算符。

（1）算术运算符

算术运算符用于执行基本的数学运算（例如加法、减法或乘法）、组合数字并生成数值结果。常用的算术运算符如表 3-1 所示。

表 3-1　常用的算术运算符

算术运算符	含义	示例
+（加号）	加法	3 + 3
−（减号）	减法或负号	3 − 1
*（星号）	乘法	3 * 3
/（正斜杠）	除法	3/1
^（脱字号）	求幂	16^4

（2）比较运算符

比较运算符用于将两个值进行比较，结果为逻辑值，即 True 或 False。常用的比较运算符如表 3-2 所示。

表 3-2　常用的比较运算符

比较运算符	含义	示例
=	等于	[Region] = " China "

续表

比较运算符	含义	示例
==	严格等于	[Region] == " China "
>	大于	[Date] > " Jan 2023 "
<	小于	[Date] < " Jan 2023 "
>=	大于或等于	[Amount] >= 200
<=	小于或等于	[Amount] <= 200
<>	不等于	[Region] <> " China "

（3）文本串联运算符

文本串联运算符（&），用于连接/串联两个或多个文本字符串以生成单个文本段。例如，"12" & "ab"，结果为"12ab"。

（4）逻辑运算符

逻辑运算符（&&）和(||)用于执行逻辑计算，计算结果为逻辑值 True 或 False。常用的逻辑运算符如表 3-3 所示。

表 3-3　常用的逻辑运算符

文本运算符	含义	示例
&&（双与号）	在各有一个布尔值结果的两个表达式之间创建 AND 条件。如果两个表达式都返回 True，则表达式的组合也返回 True；否则，组合将返回 False	([Region] = " China ")&&([Age]>= " 18 ")
||（双竖线符号）	在两个逻辑表达式之间创建 OR 条件。如果任一表达式返回 True，则结果为 True；仅当两个表达式都为 False 时，结果才为 False	([Region] = " China ")||([Age]>= " 18 ")

3.3.4　常用 DAX 函数介绍

DAX 拥有丰富的函数库，按照用途可以将其分为聚合函数、日期和时间函数、筛选器函数、财务函数、信息函数、逻辑函数、文本函数、数学函数、关系函数等。下面将对常用的 DAX 函数进行讲解。

1. 聚合函数

聚合函数用于计算由表达式定义的列或表中所有行的标量值，例如总和、平均值、计数、最小值或最大值。常用的聚合函数如下。

① SUM()函数：计算给定列或表达式中数值的总和。例如：计算销售表中"SalesAmount"列的总和。

```
TotalSales = SUM(Sales[SalesAmount])
```

② AVERAGE()函数：计算给定列或表达式中数值的平均值。例如：计算产品表中"Price"列的平均值。

```
AveragePrice = AVERAGE(Products[Price])
```
　　③ COUNT()函数：计算给定列或表达式中非空值的数量。例如：计算客户表中非空的"CustomerID"列的数量。
```
CustomerCount = COUNT(Customers[CustomerID])
```
　　④ MIN()函数：找到给定列或表达式中的最小值。例如：找到订单表中"OrderDate"列的最小日期。
```
MinOrderDate = MIN(Orders[OrderDate])
```
　　⑤ MAX()函数：找到给定列或表达式中的最大值。例如：找到销售表中"SalesAmount"列的最大值。
```
MaxSalesAmount = MAX(Sales[SalesAmount])
```
　　⑥ DISTINCTCOUNT()函数：计算给定列或表达式中不重复值的数量。例如：计算产品表中"Category"列的不重复值的数量。
```
DistinctCategories = DISTINCTCOUNT(Products[Category])
```

2. 逻辑函数

　　逻辑函数用于进行条件判断和逻辑运算，其对表达式有效，用于返回表达式中值或集的信息。常用的逻辑函数如下。

　　① IF()函数：根据条件返回不同的结果。如果条件为 True，则返回一个值，否则返回第二个值。例如：如果销售表中"SalesAmount"大于 1000，则返回"High"，否则返回"Low"，根据"SalesAmount"是否大于 1000 来判断销售状态。
```
Sales Status = IF(Sales Table[SalesAmount]>1000,"High","Low")
```
　　② SWITCH()函数：针对值列表计算表达式，并返回多个可能的结果表达式之一。例如：根据销售表中"ProductID"的不同值返回不同的结果。
```
ProductType = SWITCH(Sales[ProductID], 1, "Electronics", 2, "Clothing", 3,
"Home Decor", "Other")
```
　　③ AND()函数：检查两个条件是否都为真（True）。如果都是 True，则返回 True。例如：检查销售表中"Quantity"列是否大于 10 并且"SalesAmount"列是否大于 1000。
```
SalesCheck = AND(Sales[Quantity] > 10, Sales[SalesAmount] >1000)
```
　　④ OR()函数：检查两个条件是否有一个为真。如果有一个是真，则返回 True。例如：检查销售表中"Region"列是否等于"North"或"South"。
```
NorthSouthRegion = OR(Sales[Region] = "North", Sales[Region] = "South")
```
　　⑤ NOT()函数：对条件进行取反运算。将 False 更改为 True，或者将 True 更改为 False。例如：对销售表中"Discounted"列的值进行取反运算。
```
IsNotDiscounted = NOT(Sales[Discounted])
```
　　⑥ FALSE()函数：返回逻辑值 False（假）。它通常用于逻辑判断和条件语句，表示否定或不成立的情况。例如：用 IF()函数来根据销售金额判断销售状态。如果销售金额（SalesAmount）大于 1000，IF()函数将返回 True，表示销售状态为成功；否则，IF()函数将返回 False，表示销售状态为失败。SalesStatus 是一个计算列或测量，它根据条件判断返回相应的逻辑值。
```
SalesStatus = IF(Sales[SalesAmount] >1000, True, False)
```

⑦ TRUE()函数：返回逻辑值 True。它通常用于逻辑判断和条件语句，表示肯定或成立的情况。例如：使用 IF()函数来标识高价值产品。如果产品价格（Price）大于 100，IF()函数将返回 True，表示该产品是高价值产品；否则，IF()函数将返回 False，表示该产品不是高价值产品。HighValueProduct 是一个计算列或测量，它根据条件判断返回相应的逻辑值。

```
HighValueProduct = IF(Products[Price] > 100, True, False)
```

⑧ IFERROR()函数：用于处理错误，并返回指定的值。它接受两个参数：表达式和替代值。如果表达式没有错误，则返回表达式的结果；如果表达式有错误，则返回替代值。例如：如果 ProfitMargin 计算没有错误，IFERROR()函数将返回计算结果；如果计算中出现错误，IFERROR()函数将返回指定的替代值。ValidProfitMargin 是一个计算列或测量，它根据计算结果或错误情况返回相应的值。

```
ProfitMargin = Sales[Profit] / Sales[Revenue]
ValidProfitMargin = IFERROR(ProfitMargin, 0)
```

3. 文本函数

在 DAX 函数中，有许多强大的文本函数可用于处理和操作表格模型中的文本数据。常用的文本函数如下。

① CONCATENATE()函数：将两个字符串连接起来。例如：将客户表中 "FirstName" 和 "LastName" 列连接起来。

```
FullName = CONCATENATE(Customers[FirstName], " ", Customers[LastName])
```

② LEFT()函数：从给定字符串的左侧提取指定数量的字符。例如：从产品表中 "ProductName" 列的左侧提取前 5 个字符。

```
ProductCode = LEFT(Products[ProductName], 5)
```

③ RIGHT()函数：从给定字符串的右侧提取指定数量的字符。例如：从订单表中 "OrderNumber" 列的右侧提取最后 4 个字符。

```
OrderSuffix = RIGHT(Orders[OrderNumber], 4)
```

④ LEN()函数：计算给定字符串的长度。例如：计算销售表中 "ProductDescription" 列的字符数。

```
DescriptionLength = LEN(Sales[ProductDescription])
```

⑤ UPPER()函数：将给定字符串中的所有字母都转换为大写。例如：将客户表中 "City" 列的值转换为大写。

```
UpperCity = UPPER(Customers[City])
```

⑥ LOWER()函数：将给定字符串中的所有字母都转换为小写。例如：将产品表中 "Category" 列的值转换为小写。

```
LowerCategory = LOWER(Products[Category])
```

⑦ SUBSTITUTE()函数：在给定字符串中替换指定的子字符串。例如：在订单表中 "ProductName" 列中替换所有的 "Old" 为 "New"。

```
RevisedProductName = SUBSTITUTE(Orders[ProductName], "Old", "New")
```

4. 数学函数

DAX 中的数学函数与 Excel 中的数学函数非常相似。常用的数学函数如下。

① ABS( )函数：返回给定数值的绝对值。例如：ABS(−1)返回值为 1。

② CEILING( )函数：返回大于或等于给定数值的最小整数。例如：CEILING(4.7)返回值为 5。

③ EXP( )函数：返回以 e 为底数、以给定数字为指数的幂。例如：EXP(2)返回值为 e^2，其中 e 是自然对数的底数。

④ FLOOR( )函数：返回小于或等于给定数值的最大整数。例如：FLOOR(4.7)返回值为 4。

⑤ INT( )函数：返回给定数值的整数部分。例如：INT(4.7)返回值为 4。

⑥ LN( )函数：返回给定实数的自然对数。例如：LN(10)返回值为 ln(10)。

⑦ LOG( )函数：返回给定实数的对数，可以指定任意基数。例如：LOG(100,10)返回值为 2，表示以 10 为底的对数。

⑧ MOD( )函数：返回给定两个数值相除的余数。例如：MOD(10,3)返回值为 1，表示 10 除以 3 的余数。

⑨ POWER( )函数：返回给定数值的幂运算结果。例如：POWER(2,3)返回值为 8，表示 2 的 3 次方。

⑩ ROUND( )函数：返回给定数值按指定精度四舍五入的结果。例如：ROUND(3.14159,2)返回值为 3.14，表示将 3.14159 保留两位小数。

⑪ SIGN( )函数：返回给定数值的符号。如果数值为正，则返回 1；如果数值为负，则返回−1；如果数值为零，则返回 0。

5. 时间和日期函数

时间和日期函数有助于执行基于日期和时间的计算。DAX 中的许多函数与 Excel 中的日期和时间函数相似，但是 DAX 函数使用日期/时间数据类型，并且可以将列中的数值作为参数进行计算。常用的时间和日期函数如下。

① TODAY( )函数：返回当前日期。例如：TODAY( )，返回当前的日期（注意：此处及下文按照编者编写本书的时间返回，即 2025 年 3 月 17 日）。

② NOW( )函数：返回当前日期和时间。例如：NOW()，返回当前的日期和时间（例如 2025 年 3 月 17 日 19:01:21）。

③ DATE( )函数：以日期/时间格式返回指定的日期。例如：DATE(2025,3,17)，返回值为 2025 年 3 月 17 日的日期/时间值。

④ YEAR( )函数：返回日期/时间值对应的年份。例如：YEAR(DATE(2025,3,17))，返回值为 2025。

⑤ MONTH( )函数：返回日期/时间值对应的月份。例如：MONTH(DATE(2025,3,17))，返回值为 3。

⑥ DAY( )函数：返回日期/时间值对应的天数。例如：DAY(DATE(2025,3,17))，返回值为 17。

⑦ HOUR( )函数：返回日期/时间值对应的小时数。例如：HOUR(NOW( ))，返回值为 19。

⑧ MINUTE( )函数：返回日期/时间值对应的分钟数。例如：MINUTE(NOW( ))，返回值为 1。

⑨ SECOND( )函数：返回日期/时间值对应的秒数。例如：SECOND(NOW( ))，返回值为 21。

⑩ DATEADD( )函数：以指定的时间间隔（如天、月、年）对日期进行加减操作。例如：DATEADD(DATE(2025,3,16),1,DAY)，返回值为 2025 年 3 月 17 日的日期/时间值。

⑪ DATEDIFF( )函数：计算两个日期之间的时间间隔（如天、月、年）。例如：DATEDIFF(DATE(2025,3,10),DATE(2025,3,17),DAY)，返回值为7。

⑫ EOMONTH( )函数：使用 EOMONTH 计算月份最后一天的到期日期或截止日期。例如：EOMONTH (DATE(2025,3,16),0)，返回值为 2025 年 3 月 31 日的日期值，其中参数 0 表示计算当前月份的最后一天。

习　题

本习题将利用 Power BI Desktop 的数据分析功能对某公司的采购数据进行处理和分析。通过这个实训，读者将学习如何初步使用 Power BI Desktop 对数据进行获取、清洗、建模，并使用可视化功能在短时间内生成各种报表。某公司的采购数据清单如表 3-4 所示。

表 3-4　某公司的采购数据清单

名称	型号	生产厂	单价（元）	采购数量	总价（元）	订购日期
沙发	SF001	A 沙发厂	2150	3	6450	2023 年 10 月 2 日
椅子	YZ001	椅子加工厂	160	15	2400	2023 年 10 月 5 日
沙发	SF002	A 沙发厂	2550	5	12750	2023 年 10 月 6 日
桌子	ZZ001	家具城	1350	2	2700	2023 年 10 月 10 日
椅子	YZ002	椅子加工厂	480	25	12000	2023 年 10 月 17 日
沙发	SF003	B 沙发厂	4750	7	33250	2023 年 10 月 20 日
椅子	YZ003	椅子加工厂	430	10	4300	2023 年 10 月 21 日
椅子	YZ004	家具城	480	8	3840	2023 年 10 月 22 日
桌子	ZZ001	家具城	1350	5	6750	2023 年 10 月 24 日
沙发	SF004	B 沙发厂	5950	3	17850	2023 年 10 月 28 日
桌子	ZZ002	家具城	1270	5	6350	2023 年 10 月 29 日
沙发	SF011	A 沙发厂	2150	3	6450	2023 年 11 月 2 日
椅子	YZ011	椅子加工厂	160	6	960	2023 年 11 月 4 日
沙发	SF012	A 沙发厂	2550	6	15300	2023 年 11 月 6 日
椅子	YZ012	椅子加工厂	480	5	2400	2023 年 11 月 17 日
沙发	SF013	B 沙发厂	4750	10	47500	2023 年 11 月 20 日
椅子	YZ013	椅子加工厂	430	20	8600	2023 年 11 月 21 日
沙发	SF020	A 沙发厂	2150	3	6450	2023 年 12 月 3 日
沙发	SF002	A 沙发厂	2550	7	17850	2023 年 12 月 6 日
桌子	ZZ001	家具城	1350	6	8100	2023 年 12 月 12 日
沙发	SF003	B 沙发厂	4750	10	47500	2023 年 12 月 20 日

续表

名称	型号	生产厂	单价（元）	采购数量	总价（元）	订购日期
椅子	YZ004	家具城	480	30	14400	2023 年 12 月 24 日
沙发	SF004	B 沙发厂	5950	3	17850	2023 年 12 月 26 日
桌子	ZZ002	家具城	1270	5	6350	2023 年 12 月 30 日

将上述数据转化成 Excel 工作簿，随后用 Power BI Desktop 从 Excel 导入数据并进行加载。分析需求如下。

（1）使用 Power BI Desktop 创建一个报表，展示每个月的采购总额。你会如何设计这个报表，以便迅速识别高额采购的月份？

（2）数据中涉及不同的生产厂商，如 A 沙发厂、B 沙发厂、椅子加工厂等。通过 Power BI Desktop，你将如何比较这些供应商的总采购额和采购数量？

（3）通过 Power BI Desktop，你将如何分析每个月采购日期与采购总额之间的关系？是否存在某些日期范围内的采购金额明显高于或低于平均水平的情况？

第 4 章　使用 NumPy 进行数据计算

4.1　NumPy 数据计算概述

Numpy 是 Python 中最基础且功能强大的科学计算和数据处理工具包之一，它专注于提供高效的多维数组（ndarray）和矩阵运算能力。它不仅为数学运算提供了高性能的实现，还为广泛的科学计算任务提供了丰富的功能和工具。NumPy 的引入显著增强了 Python 在科学计算和数据处理领域的能力，推动了其在这些领域的广泛应用。

4.1.1　NumPy 的安装

Python 官网上的 Python 发行版不包含 NumPy 模块。我们可以通过以下几种方法进行安装。

（1）使用已有的发行版本

对许多用户来说，尤其是在 Windows 平台上，最便捷的方法是下载一个包含了所有关键库（包括 NumPy、SciPy、Matplotlib、IPython、SymPy 及 Python 核心自带的其他库）的 Python 发行版。以下是一些常用的发行版本。

① Anaconda：免费的 Python 发行版，专注于大规模数据处理、预测分析和科学计算。它旨在简化包的管理和部署，支持 Linux、Windows 和 Mac 系统。

② Enthought Canopy：提供免费和商业版本的 Python 发行版，支持 Linux、Windows 和 Mac 系统。

③ Pyzo：基于 Anaconda 的免费发行版，搭配 IDE（集成开发环境）进行交互式开发，支持 Linux、Windows 和 Mac 系统。

（2）使用 pip 安装

我们也可以通过 pip 工具执行以下命令来快速安装 NumPy。

```
python -m pip install numpy
```

4.1.2　NumPy 的优势与应用场景

NumPy 是一款用于科学计算和数值运算的 Python 库，为 Python 带来了高效的多维数组

对象和丰富的数学函数，从而使处理大规模数据和执行复杂的数值计算任务变得更加便捷和
高效。以下是 NumPy 的主要优势和应用场景。

① 多维数组操作：NumPy 的核心是多维数组，它能够高效地存储和操作大规模数组数
据。NumPy 库提供了广播和向量化等功能，因此可以对整个数组进行快速的元素级操作，而
不需要使用烦琐的循环语句。NumPy 非常适合处理大规模数值数据和执行各种复杂的数值计
算任务。

② 数学函数库：NumPy 内置了丰富的数学函数库，涵盖了线性代数、傅里叶变换、随
机数生成等领域。这些函数经过高度优化，能够高效地处理大规模数组数据，并提供了常用
的数学运算和统计分析功能。

③ 与其他科学计算库的集成：NumPy 是许多其他科学计算库的基础和核心。例如，SciPy
库在 NumPy 的基础上提供了更高级的科学计算功能。Matplotlib 库用于绘制高质量的图表和
可视化结果，同样也是基于 NumPy 数组进行操作的。

④ 数据分析和机器学习：NumPy 凭借高效的数组操作能力和丰富的数学函数，成为许
多数据分析和机器学习库的基础。pandas 库使用 NumPy 实现了高性能的数据结构和数据分析
功能，而 Scikit-learn 库提供了用于机器学习和数据挖掘的算法，这些算法结合 NumPy 来处
理输入数据。

综上所述，NumPy 在科学计算和数值运算领域有着广泛的应用。它能够处理大规模数组
数据并执行复杂的数值计算任务，提供了丰富的数学函数库，并与其他科学计算和数据分析
库相互集成，使 Python 成为一种强大的科学计算语言。

4.2　NumPy 的数组对象

尽管 NumPy 数组与 Python 列表在某些方面相似，但其计算性能和处理效率更高。利
用 NumPy 数组，我们可以轻松地进行元素索引、切片、数学和逻辑运算以及广播等操作。
同时，它还支持多种数据类型混合存储。其广播机制允许不同形状的数组进行计算，而
向量化操作则可以消除编写循环的需要，从而使代码更简洁，执行更高效。由于 NumPy
底层使用 C 语言编写，因此在处理大数据时，其性能表现尤为出色。作为科学计算、数
据处理和统计分析等任务的强大基础工具，NumPy 数组在 Python 生态系统中占据了不可
替代的地位。

4.2.1　创建 NumPy 数组对象

创建 NumPy 数组对象的主要方法是使用 NumPy 中的 array( )函数。除此之外，还可以使
用 zeros( )、ones( )、empty( )、arange( )函数来创建特定类型的数组。其中，zeros( )函数用于创
建数组元素全部为 0 的数组；ones( )函数用于创建数组元素全部为 1 的数组；empty( )函数用
于创建数组元素为随机内容的数组；arange( )函数用于创建等间隔的数字数组。

下列代码演示了如何使用各种函数来创建 NumPy 数组。

```python
#导入 numpy 库
import numpy as np
#创建一维数组
arr1 = np.array([1, 2, 3, 4, 5])
print(arr1)
""" [1 2 3 4 5] """
#创建二维数组
arr2 = np.array([[1, 2, 3], [4, 5, 6], [7, 8, 9]])
print(arr2)
"""
[[1 2 3]
 [4 5 6]
 [7 8 9]]
"""
#使用 zeros() 函数创建一个 3 行 4 列的全零数组
zeros_arr = np.zeros((3, 4))
print(zeros_arr)
"""
[[0. 0. 0. 0.]
 [0. 0. 0. 0.]
 [0. 0. 0. 0.]]
"""
#使用 ones() 函数创建一个 2 行 3 列的全 1 数组
ones_arr = np.ones((2, 3))
print(ones_arr)
"""
[[1. 1. 1.]
 [1. 1. 1.]]
"""
#使用 empty() 创建 2 行 3 列且内容随机的数组
empty_arr = np.empty((2, 3))
print(empty_arr)
"""
[[6.23042070e-307 1.69118108e-306 6.23060065e-307]
 [1.06811422e-306 8.34424342e-308 1.11261027e-306]]
"""
#使用 empty() 创建一个指定数据类型的随机二维数组
empty_arr = np.empty((2, 3), dtype='float32')
print(empty_arr)
"""
[[2.0694661e-12 8.9963361e-43 2.0694869e-12]
 [8.9963361e-43 0.0000000e + 00 0.0000000e + 00]]
"""
#使用 arange() 函数创建一个 0~10（不包括 10），且公差为 2 的等差数列数组
range_arr = np.arange(0, 10, 2)
print(range_arr)
""" [0 2 4 6 8] """
```

4.2.2　NumPy 数组对象的常用属性

　　NumPy 数组对象有许多常用的属性，这些属性可以提供有关数组的信息。NumPy 数组对象的常用属性如表 4-1 所示。

表 4-1　NumPy 数组对象常用属性

属性	说明
ndarray.shape	表示数组的形状
ndarray.ndim	表示数组的维数
ndarray.size	表示数组元素的总个数
ndarray.dtype	表示数组中元素的数据类型
ndarray.itemsize	表示数组中每个元素的字节数
ndarray.nbytes	表示数组中所有元素的总字节数
ndarray.T	表示数组的转置

　　下面是查看 NumPy 数组对象主要属性的示例代码。

```
import numpy as np
arr = np.array([[1, 2, 3], [4, 5, 6]])
#查看数组的形状
print(arr.shape)
""" (2, 3)"""
#查看数组的维数
print(arr.ndim)
"""2"""
#查看数组中元素的总个数
print(arr.size)
"""6"""
#返回数组中元素的数据类型
print(arr.dtype)
"""int32"""
#返回数组中每个元素的字节数
print(arr.itemsize)
"""4"""
#返回数组中所有元素的总字节数
print(arr.nbytes)
"""24"""
#返回数组的转置（交换行和列的位置）
print(arr.T)
"""
[[1 4]
 [2 5]
 [3 6]]
"""
```

4.2.3 NumPy 数组元素的访问与修改

在 NumPy 数组中，我们可以使用索引和切片来访问数组元素，也可以直接修改或通过条件操作来修改数组的元素。下面我们将通过一维数组和二维数组来介绍如何访问与修改元素，以便递推出 n 维数组的访问方法。

1. 使用索引访问元素

在一维数组中，使用单个索引来访问元素；而在二维数组中，使用逗号分隔的多个索引来访问元素。下面的代码演示了如何通过索引来访问数组中的元素。

```python
import numpy as np
arr1 = np.array([1, 2, 3, 4, 5, 6])
print(arr1[0]) #输出第一个元素
""" 1 """

arr2 = np.array([[1, 2, 3], [4, 5, 6]])
print(arr2[1, 2])  #输出第二行第三列的元素
""" 6 """
```

2. 使用切片访问元素

在一维数组中，使用切片操作访问数组的连续子集（数据左闭右开）；而对于二维数组，在各个维度上使用切片操作，中间用逗号分隔来获取数据。下面的代码演示了如何通过切片访问一维数组元素和二维数组元素。

```python
import numpy as np
arr = np.array([1, 2, 3, 4, 5])
#输出索引 1～3 的元素
print(arr[1:4])
""" [2 3 4] """

arr2 = np.array([[1, 2, 3], [4, 5, 6], [7, 8, 9]])
print(arr2[:2, 1:])
"""

[[2 3]
 [5 6]]
"""
```

3. 一维数组和二维数组都使用索引方式（直接赋值）修改数组元素

下面的代码演示了如何通过直接赋值修改数组元素。

```python
import numpy as np
arr1 = np.array([1, 2, 3, 4, 5, 6])
arr1[1] = 7 #将索引 1 的元素修改为 7
print(arr1)
""" [1,7,3,4,5,6] """

arr2 = np.array([[1, 2, 3], [4, 5, 6]])
arr2[1, 2]) = 7 #将第二行第三列元素修改为 7
print(arr2)
"""
```

```
[[1 2 3]
 [4 5 7]]
"""
```

4．根据布尔数组修改数组元素

根据创建的布尔数组筛选条件，我们可以筛选出数组内需要修改的元素。下面的代码演示了如何根据布尔条件修改数组元素。

```
import numpy as np
arr = np.array([1, 2, 3, 4, 5, 6])
mask = arr> 2 #创建一个布尔数组筛选条件
arr[mask] = 0 #将大于 2 的元素修改为 0
print(arr)
"""[1 2 0 0 0 0]"""
```

4.2.4　NumPy 数组对象的基础运算

使用 NumPy 数组时，我们可以进行各种基础运算，包括逐元素运算、算术运算与自增自减运算。下面是对这些运算的详细说明和相应的代码示例。

1．逐元素运算

下面的代码展示了如何进行逐元素相加、相减、相乘、相除和幂运算。

```
import numpy as np
arr1 = np.array([1, 2, 3])
arr2 = np.array([4, 5, 6])
#逐元素相加
result1 = arr1 + arr2
print(result1)
"""[5 7 9]"""
#逐元素相减
result2 = arr2 - arr1
print(result2)
"""[3 3 3]"""
#逐元素相乘
result3 = arr1 * arr2
print(result3)
"""[4 10 18]"""
#逐元素相除
result4 = arr1 / arr2
print(result4)
"""[0.25  0.4  0.5 ]"""
#逐元素幂运算
result5 = arr1 ** arr2
print(result5)
"""[1  32  729]"""
```

2. 算术运算

对数组的每个元素进行加 5 操作，通过结果可以看出，原数组未发生改变，要获取新值数组可将其赋值给另外的数组。下面的代码演示了如何对数组元素进行加法运算。

```
import numpy as np
array1 = np.array([1, 2, 4, 6, 8])
#对 array1 数组的各元素加 5 并赋给 array2 数组
array2 = array1 + 5
print(array2)
""" [6 7 9 11 13] """
print(array1)
""" [1 2 4 6 8] """
```

3. 自增自减运算

由于 Python 中没有 "−−" 和 "++" 运算符，因此对变量进行自增或自减运算需要使用 "+=" 或 "−=" 运算符来完成。自增和自减运算会直接修改原数组的元素。下面的代码演示了如何进行元素自增运算。

```
import numpy as np
array1 = np.array([1, 3, 5, 7, 9])
array1 += 5
print(array1)
""" [6 8 10 12 14] """
```

4.2.5 NumPy 数组对象的常用函数

NumPy 提供了众多常用函数，可用于对数组对象进行操作。常用的 NumPy 数组对象函数有 reshape()、ravel()、concatenate()、delete()、sort()、where()和 extract()，下面将对上述函数进行详细介绍。

1. reshape()函数

reshape()函数用于调整数组的形状，它能够将一个数组变换为另一个指定形状的数组。其函数原型为 reshape(n)，其中参数 n 表示要调整的形状，需要以元组的形式提供，所指定的形状的元素数量必须与原数组中元素的数量相匹配。下面的代码演示了如何使用 reshape()函数来调整数组的形状。

```
import numpy as np
arr1 = np.ones(8)
#将 arr1 变换为 2 行 4 列的数组
arr2 = arr1.reshape((2, 4))
print(arr2)
"""
[[1. 1. 1. 1.]
 [1. 1. 1. 1.]]
"""
#将 arr1 变换为 3 维的数组
arr3 = arr2.reshape((2, 2, 2))
```

```
print(arr3)
"""

[[[1. 1.]
  [1. 1.]]

[[1. 1.]
  [1. 1.]]]
"""
```

2. ravel( )函数

ravel( )函数用于将多维数组展平为一维数组。下面的代码演示了如何将多维数组展平为一维数组。

```
import numpy as np
arr1 = np.ones((2, 4))
#展平为一维数组
arr2 = arr1.ravel()
print(arr2)
"""[1. 1. 1. 1. 1. 1. 1. 1.]"""
```

3. concatenate( )函数

concatenate( )函数用于合并多个数组。该函数的原型为 concatenate(arrays, axis = None, out = None, *, dtype = None, casting = None)。其中，arrays 表示要合并的数组，确保这些数组在指定维度上具有一致的元素数量；axis 决定了数组在哪个维度上进行合并，默认值为 0，表示按照第一个维度进行合并。如果设置 axis 为除 0 以外的其他整数，则表示沿着指定的轴进行合并。例如，对于二维数组，axis = 0 表示按行合并，axis = 1 表示按列合并。下面的代码演示了如何按照要求维度对数组进行合并。

```
import numpy as np
arr1 = np.ones((2, 3))
arr2 = np.zeros((1, 3))
#按行合并，默认 axis = 0
arr3 = np.concatenate((arr1, arr2))
print(arr3)
"""

[[1. 1. 1.]
  [1. 1. 1.]
  [0. 0. 0.]]
"""

arr4 = np.zeros((2, 2))
#按列合并
arr5 = np.concatenate((arr1, arr4), axis = 1)
print(arr5)
"""

[[1. 1. 1. 0. 0.]
  [1. 1. 1. 0. 0.]
"""
```

4. delete( )函数

delete( )函数用于在数组中删除指定值，其函数原型为 delete(arr, obj, axis = None)。其中，arr 表示要操作的数组；obj 表示要删除的位置；axis 为可选参数，它决定了删除的方向，可选值为 None 或 1 或 0，通常默认为 None。当 axis = None 时，arr 会按行展开，删除第 obj-1 位置的数，返回一个行矩阵；当 axis = 0 时，arr 按行删除；当 axis = 1 时，arr 按列删除。下面的代码演示了如何按照条件删除数组的元素。

```
import numpy as np
arr1 = np.array([[1, 2, 3, 4], [5, 6, 7, 8]])
arr2 = np.delete(arr1, 2)
print(arr2)
""" [1 2 4 5 6 7 8]"""
arr3 = np.delete(arr1, 0, axis = 0)
print(arr3)
""" [[5 6 7 8]]"""
arr4 = np.delete(arr1, 1, axis = 1)
print(arr4)
"""
[[1 3 4]
 [5 7 8]]
"""
```

5. sort( )函数

sort( )函数用于返回排序后的数组，其函数原型为 sort(a, axis = -1, kind = None, order = None)。其中，a 表示要排序的数组；axis 表示沿着指定的轴对数组进行排序，默认值是-1，表示按最后一个轴排序，axis = 0 时按行排序，axis = 1 时按列排序；kind 表示排序算法的种类，默认为快速排序；order 表示用于排序的字段，指示按哪个字段进行排序。下面的代码演示了如何按照不同的条件进行数组元素排序。

```
import numpy as np
arr1 = np.array([[2, 1, 3, 4], [50, 6, 7, 8], [12, 3, 4, 5]])
#arr1 按行排序
arr2 = np.sort(arr1, axis = 0)
print(arr2)
"""
[[ 2  1  3  4]
 [12  3  4  5]
 [50  6  7  8]]
"""

#arr1 按列排序
arr3 = np.sort(arr1, axis = 1)
print(arr3)
"""
[[ 1  2  3  4]
 [ 6  7  8 50]
 [ 3  4  5 12]]
"""
```

```
#查看 arr1 本身是否发生改变
print(arr1)
"""

[[ 2  1  3  4]
 [50  6  7  8]
 [12  3  4  5]]
"""

#arr1 按自身元素排序
arr1.sort()
print(arr1)
"""

[[ 1  2  3  4]
 [ 6  7  8 50]
 [ 3  4  5 12]]
"""
```

6. where( )函数

where( )函数用于在 NumPy 数组中根据指定的条件返回元素的索引或值，其函数原型为 where(condition, x = None, y = None)。condition 表示条件的布尔数组；当 condition 中的条件为 True 时，返回 x；当 condition 中的条件为 False 时，返回 y。若 x 与 y 都为 None，函数则返回满足 condition 条件的索引值。下面的代码演示了返回满足布尔条件的元素值及索引。

```
import numpy as np
arr1 = np.arange(10)
#将数组值大于 1 的位置赋值为 1，否则为 0
arr2 = np.where(arr1 > 1, 1, 0)
print(arr2)
"""[0 0 1 1 1 1 1 1 1 1]"""
#返回数组值大于 3 的元素的索引
arr3 = np.where(arr1 > 3)
print(arr3)
"""(array([4, 5, 6, 7, 8, 9], dtype = int64),)"""
```

7. extract( )函数

extract( )函数用于返回一个满足给定条件的扁平化（一维化）的数组，其函数原型为 extract(condition, array)。condition 表示条件的布尔数组或者可以计算为布尔数组的表达式；array 表示要从中提取元素的输入数组。下面的代码演示了如何利用 extract( )函数提取数组中满足条件的元素。

```
import numpy as np
arr = np.array([[1, 2, 3], [4, 5, 6], [7, 8, 9]])
condition = (arr> 4)
#使用 extract()函数提取满足条件的元素
result = np.extract(condition, arr)
print(result)
"""[5 6 7 8 9]"""
```

4.3 NumPy 的运算操作

NumPy 库提供了丰富的数学运算函数，主要包含位运算函数、数学函数、算术函数、统计函数和线性代数函数。下面是对每一种函数类型的具体介绍。

4.3.1 位运算函数

NumPy 库可用位运算函数进行位运算，以 bitwise_ 开头的函数是位运算函数，需要注意，位运算函数用于对整数类型的数组进行操作。NumPy 常用的位运算函数示例如下。

1. bitwise_and( )、bitwise_or( )、bitwise_xor( )、bitwise_not( )和 invert( )函数

位运算函数是对数组中整数的二进制形式执行的。其中 bitwise_and( )函数执行按位与运算，bitwise_or( )函数执行按位或运算，bitwise_xor( )函数执行按位异或运算。bitwise_and( )函数的原型是 bitwise_and(a,b)，a 和 b 表示对应操作的两个数组。bitwise_or( )、bitwise_xor( )两个函数与 bitwise_and( )函数用法相似。bitwise_not( )函数执行取反运算，也可以使用 invert( )函数实现取反运算，bitwise_not( )函数的原型是 bitwise_not(n)，n 表示要取反的数组，invert( )函数用法相似。下面是示例代码，展示了如何使用这些位运算函数进行操作。

```
import numpy as np
#创建两个整数数组
arr1 = np.array([4, 5, 6])
arr2 = np.array([7, 8, 9])
#执行按位与运算
result1 = np.bitwise_and(arr1, arr2)
print(result1)
""" [4 0 0]"""
#执行按位或运算
result2 = np.bitwise_or(arr1, arr2)
print(result2)
""" [ 7 13 15]"""
#执行按位异或运算
result3 = np.bitwise_xor(arr1, arr2)
print(result3)
""" [ 3 13 15]"""
#使用 invert()函数执行取反运算
result4 = np.invert(arr1)
print(result4)
""" [-5 -6 -7]"""
#使用 bitwise_not()函数执行取反运算
result5 = np.bitwise_not(arr1)
print(result5)
""" [-5 -6 -7]"""
```

2.　left_shift( )和 right_shift( )函数

left_shift( )函数是将数组元素的二进制形式向左移动指定位数，右侧附加相等数量的 0。right_shift( )函数是将数组元素的二进制形式向右移动指定位数，左侧附加相等数量的 0。left_shift( )函数的原型是 left_shift(a,b)，a 表示要操作的数组，b 表示要移动的位数。right_shift( )函数用法与 left_shift( )函数相似。下面是示例代码，展示了如何使用 left_shift( )和 right_shift( )函数进行操作。

```python
import numpy as np
#创建一个整数数组
arr1 = np.array([8, 10, 12, 14])
#数组元素向左移动两位
result1 = np.left_shift(arr1, 2)
print(result1)
"""[32 40 48 56]"""
#数组元素向右移动一位
result2 = np.right_shift(arr1, 1)
print(result2)
"""[4 5 6 7]"""
```

4.3.2　数学函数

NumPy 库包含各种数学运算的函数，使用这些数学函数可以快速完成简单的基础数学运算。其中，常见的数学运算包括求平方、求平方根、指数函数、对数函数、三角函数以及取整操作等。以下是一些常用的 NumPy 数学函数及其代码示例。

```python
import numpy as np
arr = np.array([1, 2, 3])
#sqrt()，求各元素的平方根
print(np.sqrt(arr))
"""[1.    1.41421356 1.73205081]"""
#square()，求各元素的平方
print(np.square(arr))
"""[1 4 9]"""
#exp()，求以 e 为底的指数函数
print(np.exp(arr))
"""[ 2.71828183 7.38905612 0.08553692]"""
#log()，求以 10 为底的对数函数
print(np.log(arr))
"""[0.    0.69314718 1.09861229]"""
#sin()
print(np.sin(arr))
"""[0.84147098 0.90929743 0.14112001]"""
#cos()
print(np.cos(arr))
"""[ 0.54030231  -0.41614684  -0.9899925 ]"""
#tan()
```

```
print(np.tan(arr))
""" [ 1.55740772  -2.18503986  -0.14254654]"""
arr = np.array([1.34345, 2.34340, 3.09433])
#around()，返回指定数字的四舍五入值
print(np.around(arr,2))
"""[1.34 2.34 3.09]"""
#floor()，向下取整
print(np.floor(arr))
"""[1. 2. 3.]"""
#ceil()，向上取整
print(np.ceil(arr))
"""[2. 3. 4.]"""
```

4.3.3 算术函数

NumPy 算术函数包含常见的加减乘除、取余数、求幂、取倒数、取相反数等操作。其中，常见的函数有加法函数 add( )、减法函数 subtract( )、乘法函数 multiply( )和除法函数 divide( )、求幂函数 power( )、取倒数函数 reciprocal( )、取相反数函数 negative( )、求余数函数 mod( )和 remainder( )。

1. add( )、subtract( )、multiply( )和 divide( )函数

使用上述 4 个加减乘除函数时，数组必须具有相同的形状或符合数组广播规则，否则函数会报错。下面的代码演示了如何进行相加、相减、相乘和相除。

```
import numpy as np
arr1 = np.array([1, 2, 3])
arr2 = np.array([4, 5, 6])
#对应元素相加
result1 = np.add(arr1, arr2)
print(result1)
"""[5 7 9]"""
#对应元素相减
result2 = np.subtract(arr2, arr1)
print(result2)
"""[3 3 3]"""
#对应元素相乘
result3 = np.multiply(arr1, arr2)
print(result3)
"""[ 4 10 18]"""
#对应元素相除
result4 = np.divide(arr2, arr1)
print(result4)
"""[4.  2.5 2.]"""
```

2. power( )函数

power( )函数用于对数组中的每个元素进行幂运算，需传入两个参数，第一个参数作为底，

第二个参数作为对应元素的指数。下面的代码演示了如何使用 power( ) 函数进行幂运算操作。

```
import numpy as np
arr1 = np.array([1, 2, 3])
arr2 = np.array([4, 5, 6])
#以 arr1 元素为底，第二个参数 arr2 为指数
result = np.power(arr1, arr2)
print(result)
""" [1 32 729] """
```

3. reciprocal( ) 函数

reciprocal( ) 函数用于返回数组各元素的倒数。下面的代码演示了如何通过 reciprocal( ) 函数求各个元素的倒数。

```
import numpy as np
arr = np.array([1, 4.0, 5.0])
result = np.reciprocal(arr)
print(result)
""" [1  0.25  0.2] """
```

4. negative( ) 函数

negative( ) 函数用于返回数组各元素的相反数。下面的代码演示了如何求各个元素的相反数。

```
import numpy as np
arr = np.array([1, 2, -3, -4])
result = np.negative(arr)
print(result)
""" [-1 -2 3 4] """
```

5. mod( ) 与 remainder( ) 函数

mod( ) 函数用于计算输入数组中相应元素相除后的余数，而 remainder( ) 函数也能得到同样的结果。下面的代码演示了如何求数组间相除运算的余数。

```
import numpy as np
arr1 = np.array([7, 12, 22])
arr2 = np.array([2, 3, 4])
result1 = np.mod(arr1, arr2)
print(result1)
""" [1 0 2] """

result2 = np.remainder(arr1, arr2)
print(result2)
""" [1 0 2] """
```

4.3.4　统计函数

NumPy 提供了一系列统计函数，用于计算数组中元素的各种统计量，如最大值、最小值、中位数、平均值、标准差、方差等。本节主要介绍求最大值函数 amax( )、求最小值函数 amin( )、求百分数位函数 percentile( )、求中位数函数 median( )、求平均值函数 mean( ) 与 average( )、求

标准差函数 std( )、求方差函数 var( )。

1. amax( )与 amin( )函数

amax( )与 amin( )函数分别用于计算数组中元素的最大值和最小值。下面是 amax( )与 amin( )函数使用的示例代码。

```
import numpy as np
arr = np.array([[1,2,3],[4,5,6],[7,8,9]])
print(np.amax(arr))#求数组内最大元素
"""9"""
print(np.amax(arr,0))#求数组内纵向最大元素
"""[7 8 9]"""
print(np.amax(arr,1))#求数组内横向最大元素
"""[3 6 9]"""
print(np.amin(arr))#求数组内最小元素
"""1"""
print(np.amin(arr,0))#求数组内纵向最小元素
"""[1 2 3]"""
print(np.amin(arr,1))#求数组内横向最小元素
"""[1 4 7]"""
```

2. percentile( )函数

percentile( )函数用于计算数组的指定百分位数。其函数原型为 numpy.percentile(array,q, axis)。其中，array 表示待计算的数组，q 表示要计算的百分位数，axis 表示计算的轴。下面是 percentile( )函数使用的示例代码。

```
import numpy as np
arr = np.array([1, 2, 4, 6, 8])
#求数组的第 75 百分位数
print(np.percentile(arr, 75))
"""6.0"""
```

3. median( )函数

median( )函数用于计算数组中元素的中位数。下面是 median( )函数使用的示例代码。

```
import numpy as np
arr = np.array([1, 2, 4, 6, 8,10])
#求中位数
print(np.median(arr))
"""5.0"""
```

4. mean( )与 average( )函数

mean( )函数用于计算数组的算术平均值，其函数原型为 numpy.mean(a,axis = None, dtype = None,keepdims= False)。其中，a 是计算平均值的数组，axis 用于指定计算平均值的轴，dtype 用于指定结果的数据类型，keepdims 用于指定是否保持结果的维度。

average( )函数除了用于计算算术平均值外，还可以用于指定每个元素的权重计算加权平均值，其函数原型为 numpy.average(a,axis = None,weights = None,returned = False)。其中 a 是计算平均值的数组，axis 用于指定计算平均值的轴，weights 用于指定每个元素的权重，returned 用于指定是否返回权重的总和。下面是 mean( )与 average( )函数的使用示例代码。

```
import numpy as np
arr = np.array([1, 2, 3, 4, 5])
#计算算术平均值
result1 = np.mean(arr)
print(result1)
" " " 3.0 " " "
#设置权重
weights = np.array([0.3, 0.2, 0.1, 0.2, 0.1])
#计算加权平均值
result2 = np.average(arr, weights = weights)
print(result2)
" " " 2.5555555555555554 " " "
```

5. std( )与 var( )函数

std( )函数用于计算数组样本标准差，var( )函数用于计算数组样本方差。下面是 std( )与 var( )函数的使用示例代码。

```
import numpy as np
arr = np.array([1, 2, 3, 4, 5])
#计算标准差
result1 = np.std(arr)
print(result1)
" " " 1.4142135623730951 " " "
#计算方差
result2 = np.var(arr)
print(result2)
" " " 2.0 " " "
```

4.3.5　线性代数函数

当涉及线性代数时，NumPy 提供了丰富的函数和方法来进行矩阵和向量的计算，包含矩阵点积、内积、行列式、逆矩阵等。下面是常用的 NumPy 线性代数函数及其示例代码。

1. dot( )函数

dot( )函数用于计算两个数组的点积，通常用于矩阵乘法。如果输入数组是一维的，则执行的是标准的向量内积；如果输入数组是多维的，则执行的是矩阵乘法。下面是使用 dot( )函数计算矩阵乘积的示例代码。

```
import numpy as np
arr1 = np.array([[1, 2], [3, 4],[5, 6]])
arr2 = np.array([[1, 2, 3], [4, 5, 6]])
#计算矩阵乘积
result = np.dot(arr1, arr2)
print(result)
" " "
[[ 9 12 15]
 [19 26 33]
 [29 40 51]]
" " "
```

2. vdot( )函数

vdot( )函数用于计算两个数组的向量内积。如果输入数组是一维的，它执行的是标准的向量内积；如果输入数组是多维的，它会将数组展平为一维数组，然后计算它们的内积。下面是使用 vdot( )函数计算向量内积的示例代码。

```
import numpy as np
arr1 = np.array([[1, 2], [3, 4]])
arr2 = np.array([[5, 6], [7, 8]])
#计算向量内积
result2 = np.vdot(arr1, arr2)
print(result2)
""""70"""
```

3. inner( )函数

inner( )函数用于计算两个数组的内积，通常用于计算向量内积。对于更高的维度，它返回最后一个轴上的各元素乘积的和。下面是使用 inner( )函数计算两个数组的内积的示例代码。

```
import numpy as np
arr1 = np.array([[1, 2], [3, 4]])
arr2 = np.array([[5, 6], [7, 8]])
#计算数组的内积
print(np.inner(arr1, arr2))
"""

[[17 23]
 [39 53]]
"""
```

4. matmul( )函数

matmul( )函数用于计算两个数组的矩阵乘积，如果输入的数组维度大于 2，则对最后 2 个维度进行矩阵相乘操作。下面是使用 matmul( )函数计算两个矩阵的乘积的示例代码。

```
import numpy as np
arr1 = np.array([[1, 2], [3, 4],[5, 6]])
arr2 = np.array([[1, 2, 3], [4, 5, 6]])
#计算矩阵乘积
result = np.matmul(arr1, arr2)
print(result)
"""

[[ 9 12 15]
 [19 26 33]
 [29 40 51]]
"""
```

5. linalg.det( )函数

linalg.det( )函数用于计算矩阵的行列式。下面是使用 linalg.det( )函数计算 3 行 3 列矩阵的行列式的示例代码。

```
import numpy as np
arr = np.array([[2, 2, 3], [6, 5, 7], [2, 8, 3]])
#计算矩阵的行列式
```

```
result = np.linalg.det(arr)
print(result)
" " " 24.000000000000004 " " "
```

6. linalg.inv( )函数

linalg.inv( )函数用于计算矩阵的逆矩阵。下面是使用 linalg.inv( )函数计算 2 行 2 列矩阵的逆矩阵的示例代码。

```
import numpy as np
arr = np.array([[1, 2], [3, 4]])
#计算矩阵的逆矩阵
result = np.linalg.inv(arr)
print(result)
" " "
[[-2.    1. ]
 [ 1.5 -0.5]]
" " "
```

习　题

本习题旨在利用 NumPy 的多维数组和数值计算功能来对员工数据进行深入处理和分析。通过这个实训，您将掌握如何使用 NumPy 库来处理真实世界的数据，并从中提取有用的信息和洞察。员工数据集包含以下字段。

① 员工 ID：每个员工的唯一标识符。

② 姓名：员工姓名。

③ 年龄：员工年龄。

④ 地址：员工住址。

⑤ 工资：员工工资。

在这个案例中，员工数据集保存在名为 "employee_data.csv" 的 CSV 文件。该文件包含每位员工的信息，每行为一个员工记录，字段之间用逗号进行分隔。

分析需求如下。

① 计算员工年龄的中位数和平均数。

② 筛选并显示工资高于平均工资的员工信息。

③ 分别找出工资最高和最低的员工信息。

④ 计算员工工资的标准差。

⑤ 根据地址统计各地区的员工数量。

第 5 章　使用 pandas 进行数据分析

5.1　pandas 数据分析概览

　　pandas 是一个广泛应用于 Python 数据科学和数据分析领域的库，专为方便数据清洗、转换、处理和分析而设计。其强大的数据结构和工具，使这些任务变得更加简单、快速和灵活。pandas 常用于数据科学、机器学习和数据分析领域，为数据分析师和科学家提供了强大的工具来探索、处理和理解数据。

　　pandas 的数据分析功能涵盖了数据清洗、数据转换、数据聚合、数据可视化等各个方面。它可以从不同来源，如 CSV 文件、Excel 文件、数据库等读取数据，并将处理后的数据保存到不同格式的文件中。pandas 还在数据处理方面提供了强大的功能，包括处理缺失值、重复值、异常值，以及进行排序、筛选、分组、合并等操作。在数据聚合和统计分析方面，pandas 支持计算均值、中位数、标准差等统计指标，进行分组摘要统计、数据透视表分析。此外，pandas 结合了可视化工具（如 Matplotlib），能够生成折线图、柱形图、散点图、箱形图等多种图表，有助于数据分析师更好地理解数据特征和趋势。

　　总之，pandas 是一款功能强大、易于使用的数据分析工具，它为处理、转换、聚合和可视化数据提供了高效而灵活的解决方案。我们建议读者使用 pandas 的最新版本以确保获得最佳的使用体验，并通过具体示例加深对 pandas 功能的理解。

5.1.1　pandas 的安装

　　可以按照以下步骤安装 pandas 库。

　　在命令行终端中，运行以下命令即可安装最新版本的 pandas。

```
Python -m pip install pandas
```

5.1.2　pandas 数据结构

　　pandas 是一个用于数据分析和处理的 Python 库，它提供了高性能、易用的数据结构。这些数据结构主要包括 Series 对象和 DataFrame 对象，Series 对象类似于在 NumPy 数组上进行扩展,而 DataFrame 对象则是在 Series 对象的基础上在维度上进行扩展。

1. Series

Series(序列)是一种一维的标记数组,类似于一维数组。每个元素都与一个标签(索引)相关联,可以通过标签进行访问和操作。Series 可以用于存储任意类型的数据,包括基本数据类型、列表、集合、字典和元组。Series 函数原型是 pandas.Series(data, index, dtype, name, copy),其核心参数的说明如下。

① data:存储的数组。

② index:数据索引标签,如果不指定,默认从 0 开始。

③ dtype:数据类型,默认自动判断。

④ name:取名,默认没有名称。

⑤ copy:复制数据,默认为 False。

以下示例创建了一个简单的 Series 实例,并通过下标索引读取数据。

```
import pandas as pd
data = [1, 2, 3, 4, 5]
#以列表数据创建 Series
s = pd.Series(data)
print(s)
"""
0    1
1    2
2    3
3    4
4    5
dtype: int64
"""
#读取索引为 1 的元素
print(s[1])
"""2"""
```

下面的代码用于创建指定 Series 实例索引。

```
import pandas as pd
data = ["numpy", "panda", "power"]
s = pd.Series(data, index = ["a", "b", "c"])
#读取索引值为 b 的数据
print(s["b"])
"""panda"""
```

下面使用 key/value 对象字典来创建 Series,其中字典的 key 会自动成为 Series 的索引。

```
import pandas as pd
data = {'a': "numpy", 'b': "pandas", 'c': "power"}
s = pd.Series(data)
print(s)
"""
a    numpy
b    pandas
c    power
```

```
dtype: object
"""
```

2. DataFrame

DataFrame（数据框）是一种二维的数据结构，类似于关系型数据库中的表格或 Excel 中的数据表。

DataFrame 对象包含两个索引数组：一个用于行（称为 index），另一个用于列（称为 columns）。与 Series 对象的索引数组相似，行索引数组中的每个值与相应的行相关联。而列索引数组则包含了部分列标签，每个标签对应一列的名称。可以将 DataFrame 看作一个由多个 Series 对象组成的字典，其中每个列名是字典的键，而列的 Series 对象则是字典的值。每个 Series 对象的元素都映射到名为 index 的标签数组中。

创建 DataFrame 一般使用 "pandas.DataFrame( )" 函数，该函数的原型是 pandas.DataFrame(data, index, columns, dtype, copy)，其核心参数的说明如下。

① data：存储的数据，可以是 ndarray、series、map、lists、dict 等类型。

② index：行标签，默认从 0 开始。

③ columns：列标签，默认从 0 开始。

④ dtype：数据类型，用于指定 DataFrame 中元素的数据类型。

⑤ copy：复制数据，默认为 False。

以下示例演示了如何使用字典创建一个基本的 DataFrame 对象。列名（"Name" "Age"）成为列索引数组的标签，而数据则按照相应的列排列。

```
import pandas as pd
data = {"name": ['mk', 'jc', 'jw'],"age": [18, 19, 29]}
#载入数据
df = pd.DataFrame(data)
print(df)
"""
   name  age
0   mk   18
1   jc   19
2   jw   29
"""

#返回 age 列
print(df.loc[:,'age'])
"""
0    18
1    19
2    29
Name: age, dtype: int64
"""
#返回第二行
print(df.loc[1])
"""
name    jc
age     19
```

```
Name: 1, dtype: object
"""
#返回第二行且列为 name
print(df.loc[1, 'name'])
"""jc"""
```

下面的示例展示了如何使用二维数组创建 DataFrame 实例。

```
import pandas as pd
data = [['mk',18],[ 'jc',19],['jw',20]]
#指定列索引
df = pd.DataFrame(data,columns = ['name','age'])
print(df)
"""
  name  age
0   mk   18
1   jc   19
2   jw   20
"""
```

5.2　pandas 的基本操作

pandas 的基本操作包括导入 pandas 库，创建数据结构，数据检查和访问，数据清洗、过滤、修改、计算等，本节主要讲解在 Windows 系统中常见的 pandas 基本操作。

5.2.1　导入与导出数据

pandas 提供了多种方法用于导入和导出各种类型的数据，使数据的读取和存储更加方便、灵活。下面是 pandas 中常用的数据导入和导出方式。

1. 使用 CSV 文件导入导出数据

pandas 使用 "read_csv()" 函数来读取 CSV 格式的数据文件，常用参数说明如下。

① filepath：导入 CSV 文件的路径，一般使用绝对路径。

② sep：指定写入 CSV 文件的分隔符，一般 CSV 文件默认是逗号。

③ names：导入的列和指定列的顺序，默认按顺序导入所有列。

④ encoding：文件编码，大多数情况使用默认 encoding = "utf-8"。

pandas 使用 "to_csv()" 函数将 DataFrame 对象保存为 CSV 文件，其核心参数说明如下。

① path_or_buf：指定文件的路径或文件对象。如果为 none，则返回 CSV 数据的字符串。

② sep：指定字段之间的分隔符，默认为逗号。

③ na_rep：表示缺失值（NaN）的字符串，默认为空字符串。

④ columns：指定要写入 CSV 的列名称，默认情况下写入所有列。

⑤ header：是否在文件中包含列名（表头），默认为 True。

⑥ index：是否包含行索引，默认为 True。

⑦ index_label：指定行索引列的标签名称，默认为 None。

⑧ mode：文件打开模式，"w" 表示覆盖写入，"a" 表示追加写入，默认为 "w"。

⑨ encoding：指定 CSV 文件的编码方式，默认为 None。

下面是使用 CSV 文件导入导出数据的示例代码。

```
import pandas as pd
#读取 CSV 文件，pandas 默认的编码方式是 utf-8
df = pd.read_csv('data.csv')
#保存数据到 ex.csv 文件，不包含行索引，写入 name 列和 address 列，写入方式为追加，缺失值用 NA 代替
df.to_csv(path_or_buf = 'ex.csv', index = False, columns = ['name', 'address'],
mode = 'a',na_rep = 'NA')
```

2. 使用 Excel 文件导入导出数据

pandas 使用 "read_excel( )" 函数读取 Excel 文件。该函数的参数主要包括路径名、要读取的表格名和读取的列名。

完成 DataFrame 数据的处理后，一般使用 "to_excel( )" 函数将 DataFrame 对象保存为 Excel 文件，所使用的核心参数如下。

① excel_writer：Excel 文件的路径（字符串）或 ExcelWriter 对象。

② sheet_name：指定要保存数据的工作表名称，默认为 "Sheet1"。

③ na_rep：表示缺失值（NaN）的字符串，默认为空字符串。

④ columns：指定要写入的列名称，默认情况下写入所有列。

⑤ header：是否在文件中包含列名（表头），默认为 True。

⑥ index：是否包含行索引，默认为 True。

⑦ index_label：指定行索引列的标签名称，默认为 None。

⑧ startrow：指定数据写入的起始行，默认为 0。

⑨ startcol：指定数据写入的起始列，默认为 0。

⑩ encoding：指定文件的编码方式，默认为 None。

下面是使用 Excel 文件导入导出数据的示例代码。

```
import pandas as pd
#读取文件 data.xlsx，单元格为 Sheet1
df = pd.read_excel('data.xlsx', sheet_name = 'Sheet1')
#将数据保存到 data.xlsx，指定表名，不包含行索引
df.to_excel('data.xlsx', sheet_name = 'Sheet1', index = False)
```

3. 使用 JSON 文件导入导出数据

pandas 提供了 "read_json( )" 函数来读取 JSON 格式的数据文件。一般只需要提供正确的 JSON 文件路径名。

pandas 使用 "to_json( )" 函数将 DataFrame 对象保存为 JSON 文件，常用参数如下。

① path_or_buf：指定文件的路径或文件对象，如果为 None，则返回 JSON 数据的字符串。

② orient：指定 JSON 格式，可选值包括 "columns" "index" "values" "split" "records"。

③ force_ascii：是否强制使用 ASCII 编码，默认为 True。

④ lines：是否将每条记录作为单独的 JSON 对象写入文件，默认为 False，如果为 True，则 orient 必须为 "records"。

⑤ index：是否包含行索引，默认为 True。

其中 orient 参数值对应不同的输出，输出格式如下。

- columns：{index:{column:value,…},…}。
- index：{index:{column:value,…},…}。
- values：[[value],…]。
- split：{index:[index],columns:[columns],data:[values]}。
- records：[{column:value,…},…,{column:value,…}]。

下面是使用 JSON 文件导入导出数据的示例代码。

```python
import pandas as pd
#读取 data.json 文件
df = pd.read_json('data.json')
#将数据保存到 data.json，采用每列对应数据格式保存
df.to_json('data.json', orient = 'records')
```

5.2.2 数据的查看与描述

1. Series 对象数据的查看与描述

在 Series 对象中，获取数据的值的常用方法有两种：使用数组的下标和使用对象的 index 标签。两种方式既可以用于获取单个数值，也可以用于获取多个数值。下面的代码演示了如何通过数组下标和 index 标签获取数组元素。

```python
import pandas as pd
data = [1, 2, 3, 4, 5]    #从列表创建 Series
s = pd.Series(data, index = ['a', 'b', 'c', 'd', 'e'])
#通过数组下标获取单个数值
print(s[1])
""" "2" """
#通过 index 标签获取单个数值
print(s['b'])
""" "2" """
#通过下标获取多个数值
print(s[1:3])
"""
b    2
c    3
dtype: int64
"""
#通过 index 标签获取多个数值
print(s[['b', 'c']])
"""
b    2
c    3
dtype: int64
"""
```

2. DataFrame 对象数据的查看与描述

将数据导入并转换为 DataFrame 对象后，我们常使用以下方法进行数据查看和描述。下面的代码演示了如何查询 DataFrame 对象数据的头部、尾部、列名、索引、行数和列数。

```python
import pandas as pd
data = {"name": ['mk', 'jc', 'jw', 'axa', 'ckk', 'pdd'], "age": [18, 19, 29, 21, 28, 31],
"address":[ 'cn', 'kr', 'am', 'ah', 'bj', 'wh']}
df = pd.DataFrame(data)
#显示 DataFrame 头部（默认前 5 行）
print(df.head())
"""
    name  age address
0   mk    18     cn
1   jc    19     kr
2   jw    29     am
3   axa   21     ah
4   ckk   28     bj
"""

#显示 DataFrame 尾部（默认后 5 行）
print(df.tail())
"""
    name  age address
1   jc    19     kr
2   jw    29     am
3   axa   21     ah
4   ckk   28     bj
5   pdd   31     wh
"""

#查看所有列名
print(df.columns)
"""
Index(['name', 'age', 'address'], dtype = 'object')
"""

#查看索引
print(df.index)
"""
RangeIndex(start = 0, stop = 6, step = 1)
"""

#查看每列的数据类型
print(df.dtypes)
"""
name        object
age          int64
address     object
dtype: object
"""

#查看行数和列数
```

```
print(df.shape)
"""(6, 3)"""
#查看行数
print(len(df))
"""6"""
#查看列数
print(len(df.columns))
"""3"""
#显示数据信息
print(df.info())
"""
<class 'pandas.core.frame.DataFrame'>
RangeIndex: 6 entries, 0 to 5
Data columns (total 3 columns):
 #   Column   Non-Null Count   Dtype
---  ------   --------------   -----
 0   name     6 non-null       object
 1   age      6 non-null       int64
 2   address  6 non-null       object
dtypes: int64(1), object(2)
memory usage: 272.0 + bytes
None
"""
#查询满足条件的行
print(df[df['age']> 22])
"""

   name  age address
2    jw   29      am
4   ckk   28      bj
5   pdd   31      wh
"""
```

5.2.3　数据的选择与索引

　　使用 pandas 对数据进行选择和索引时，可以使用多种方法来获取特定的数据子集。下面的代码通过不同的方法对数组进行选取。

```
import pandas as pd
data = {"name": ['mk', 'jc', 'jw', 'axa', 'ckk', 'pdd'], "age": [18, 19, 29, 21, 28, 31],
"address":['cn', 'kr', 'am', 'ah', 'bj', 'wh']}
df = pd.DataFrame(data)
#选择单个列
print(df['name'])
"""
0     mk
1     jc
2     jw
```

```
3    axa
4    ckk
5    pdd
Name: name, dtype: object
"""
#选择多个列
print(df[['name', 'age']])
"""

   name  age
0   mk   18
1   jc   19
2   jw   29
3  axa   21
4  ckk   28
5  pdd   31
"""

#选择单行
print(df.loc[1])
"""

name         jc
age          19
address      kr
Name: 1, dtype: object
"""

#选择多行
print(df.loc[1:])
"""

   name  age address
1   jc   19      kr
2   jw   29      am
3  axa   21      ah
4  ckk   28      bj
5  pdd   31      wh
"""

#选择第一行,列为 age 数据
print(df.loc[1, 'age'])
""""19"""
#使用 iloc 选择单行
print(df.iloc[1])
"""

name         jc
age          19
address      kr
Name: 1, dtype: object
"""

#使用 iloc 选择多行
print(df.iloc[1:])
```

```
"""
  name  age address
1   jc   19      kr
2   jw   29      am
3  axa   21      ah
4  ckk   28      bj
5  pdd   31      wh
"""
#使用 iloc 同时选择行和列
print(df.iloc[1, 1])
"""19"""
#选择指定的列
print(df.filter(items = ['name', 'age']))
"""
  name  age
0   mk   18
1   jc   19
2   jw   29
3  axa   21
4  ckk   28
5  pdd   31
"""
#使用正则表达式匹配列名选择列
print(df.filter(regex = 'age'))
"""
   age
0   18
1   19
2   29
3   21
4   28
5   31
"""
```

5.2.4　数据的增删查改

使用 pandas 处理数据时，常见的操作包括增加、删除、查询和修改数据，查询操作已在前文讲解过，以下是增加、删除和修改数据的介绍。

1. 增加数据

下面的代码演示了如何向 DataFrame 对象中添加数据项。

```
import pandas as pd
data = {"name": ['mk', 'jc', 'jw', 'axa', 'ckk', 'pdd'], "age": [18, 19, 29, 21, 28, 31],
"address":['cn', 'kr', 'am', 'ah', 'bj', 'wh']}
df = pd.DataFrame(data)
#添加新列
```

```
df['fraction'] = [80, 90, 100, 98, 80, 100]
print(df)
"""

   name  age address  fraction
0    mk   18      cn        80
1    jc   19      kr        90
2    jw   29      am       100
3   axa   21      ah        98
4   ckk   28      bj        80
5   pdd   31      wh       100
"""
```

2. 删除数据

"drop( )"函数是一种用于删除 DataFrame 中的行或列的方法。通过"drop( )"函数，我们可以根据标签或位置选择要删除的数据，并返回一个新的 DataFrame。此外，我们还可以选择直接在原始 DataFrame 上进行修改。以下是关于"drop( )"函数的核心参数说明。

① labels：要删除的标签（行标签或列标签）。

② axis：指定删除轴，axis = 0 表示按行删除，axis = 1 表示按列删除，默认按行。

③ index：要删除的行标签，可以是单个标签或标签列表。

④ columns：要删除的列标签，可以是单个标签或标签列表。

下面是使用"drop( )"函数删除数据的代码示例。

```
import pandas as pd
data = {"name": ['mk', 'jc', 'jw', 'axa', 'ckk', 'pdd'], "age": [18, 19, 29, 21, 28, 31],
 "address":['cn', 'kr', 'am', 'ah', 'bj', 'wh']}
df = pd.DataFrame(data)
#删除索引为[0,1]的行
df.drop([0, 1])
#删除名为'age'和'address'的列
df.drop(['age', 'address'], axis = 1)
#在原始 DataFrame 上删除数据
df.drop('name', axis = 1, inplace = True)
#删除索引为 0 的行、'name'和'age'的列，并在原始 DataFrame 上修改数据
df.drop(index = 0, columns = ['name', 'age'], inplace = True)
```

3. 修改数据

下面的代码演示了如何对数组元素进行修改。

```
import pandas as pd
data = {"name": ['mk', 'jc', 'jw', 'axa', 'ckk', 'pdd'], "age": [18, 19, 29, 21, 28, 31],
"address":['cn', 'kr', 'am', 'ah', 'bj', 'wh']}
df = pd.DataFrame(data)
#修改指定单元格的值
df.at[0,'age'] = 13
#修改整列的值
df['fraction'] = [100, 101, 102]
#使用 loc 根据条件修改列的值
df.loc[df['age']>18, 'age'] = 22
```

```
#使用 where() 函数根据条件过滤数据，不满足条件的数据，将数值设置为 NaA
df.where(df['age']>20, inplace = True)
```

5.3　pandas 分析方法

使用 pandas 导入、清洗和处理数据后，便可进行相应的数据统计与运算。下面是对数据统计、算术运算和数据对齐的详细介绍。

5.3.1　数据统计

对数据进行统计分析时，pandas 提供了多种工具和方法来帮助我们理解数据，如描述性统计函数、数学函数[groupby()、idxmax()、idxmin()、unique()、value_counts()、isin()]和相关性分析函数等，详细介绍如下。

1. 描述性统计函数

pandas 中常用的描述性统计函数如下。

① sum()：用于计算数值数据的总和，可以应用于整个 DataFrame，也可以按列进行计算。

② mean()：用于计算数值数据的平均值，可以应用于整个 DataFrame 或按列进行计算。

③ median()：用于计算数值数据的中位数。

④ min()：用于计算数值数据的最小值。

⑤ max()：用于计算数值数据的最大值。

⑥ count()：用于计算数值数据的数量。

⑦ std()：用于计算数值数据的标准差，衡量数据的离散程度。

⑧ var()：用于计算数值数据的方差，度量数据分散的程度。

⑨ describe()：生成关于 DataFrame 各列的基本描述性统计信息，包括计数、均值、标准差等。

描述性统计函数的示例代码如下。

```
import pandas as pd
#创建一个示例数据集
data = {
    'Name': ['Jo', 'Mk', 'Ws', 'Em', 'Dd'],
    'Age': [22, 21, 19, 28, 30],
    'Height': [173, 180, 178, 180, 181],
    'Weight': [70, 85, 74, 69, 76]
}
df = pd.DataFrame(data)
#数据集的描述性统计信息
print(df.describe())
"""
           Age       Height       Weight
count   5.000000    5.000000     5.000000
mean   24.000000  178.400000    74.800000
```

```
std      4.743416     3.209361     6.379655
min     19.000000   173.000000    69.000000
25%     21.000000   178.000000    70.000000
50%     22.000000   180.000000    74.000000
75%     28.000000   180.000000    76.000000
max     30.000000   181.000000    85.000000
"""
#打印最小年龄的数据
print(df[df['Age'].min() == df['Age']])
"""

  Name  Age  Height  Weight
2   Ws   19     178      74
"""
#打印平均体重
print(df['Weight'].mean())
"""74.8"""
```

2. groupby()函数

groupby()函数用于根据某些条件将数据集分组，并为每个组应用相应的计算。

在实际运用中，通常会涉及不同种类分组计算的情况，我们可以先使用 groupby()函数进行分组，再利用上面的描述性统计函数进行分析，示例代码如下。

```
import pandas as pd
data = {
    "姓名": ["小明", "小红", "小张", "小亮", "小月", "小汪"],
    "年级": ["初二", "初一", "初一", "初二", "初一", "初二"],
    "性别": ["男", "女", "男", "男", "女", "女"],
    "语文": [90, 80, 78, 76, 84, 86],
    "数学": [80, 92, 90, 88, 96, 93],
    "英语": [94, 91, 86, 91, 83, 75],
}
df = pd.DataFrame(data)
#按照年级分组，求语文的平均值，as_index = False 表示不将分组列作为行索引
print( df.groupby(by = "年级", as_index = False)['语文'].mean() )
"""
    年级        语文
0  初一    80.666667
1  初二    84.000000
"""
#按照性别分组，求男女比例
print( df.groupby(by = "性别", as_index = False)['姓名'].count() )
"""
  性别   姓名
0  女     3
1  男     3
"""
#多个列分组，查看单列数学的最小值和平均值
```

```
print( df.groupby(by = ['年级','性别'], as_index = False)['数学'].agg(['min', 'mean']))
"""
   年级  性别   min   mean
0  初一  女    92    94.0
1  初一  男    90    90.0
2  初二  女    93    93.0
3  初二  男    80    84.0
"""
#按照年级分组，不同列使用不同的聚合函数
print( df.groupby(by = "年级", as_index = False).agg({'语文':'min', '数学':
'max', '英语':'mean'}))
"""
   年级  语文   数学    英语
0  初一  78   96    86.666667
1  初二  76   93    86.666667
"""
```

3. idxmax( )函数与 idxmin( )函数

idxmax( )与 idxmin( )两个函数分别用于返回最大值和最小值所在的行的索引或标签。下面的代码演示了如何返回数组最大值和最小值所在列的行名称。

```
import pandas as pd
data = { "name": ['mk', 'jc', 'jw', 'axa', 'ckk', 'pdd'], "age": [18, 19, 19, 21, 28, 31],
"height": [173, 180, 178, 180, 181, 175]}
df = pd.DataFrame(data)
#返回 age 列最大值的行名称
print(df['age'].idxmax())
""" "5" """
#返回 height 列最小值的行名称
print(df['height'].idxmin())
""" "0" """
```

4. unique( )函数与 value_counts( )函数

unique( )函数的作用是删除序列中的重复元素，当应用于 Series 对象时，它返回一个包含不同元素的 NumPy 数组。而 value_counts( )函数则返回一个 Series 对象，其中的索引是原始 Series 对象中的唯一元素，相应的值表示这些唯一元素在原 Series 中出现的次数。前者用于查看唯一元素，后者用于查看元素出现的频率。下面的代码演示了如何去除数组重复元素以及统计重复元素个数。

```
import pandas as pd
#创建 Series 对象
data = pd.Series([2, 3, 5, 7, 2, 4, 6, 8, 3, 5, 7])
#返回去重元素数组
print(data.unique())
""" [2 3 5 7 4 6 8] """
#查看元素重复值
print(data.value_counts())
"""
```

```
2       2
3       2
5       2
7       2
4       1
6       1
8       1
Name: count, dtype: int64
"""
```

5. isin( )函数

isin( )函数用于检查 Series 对象中的每个元素是否属于指定的参数集合。Series 中的每个元素，如果包含在 isin( )函数的参数中，则返回 True，否则返回 False。下面的代码演示了如何使用 isin( )函数筛选元素是否属于 Series 对象。

```
import pandas as pd
data = {"name": ['mk', 'jc', 'jw', 'axa', 'ckk', 'pdd'], "age": [18, 19, 19, 21, 28, 31],
"height": [173, 180, 178, 180, 181, 175]}
df = pd.DataFrame(data)
#创建 Series 对象
data2 = pd.Series([18, 19, 20])
#查看 age 列元素是否在 data2 中存在
print(df['age'].isin(data2))
"""
0       True
1       True
2       True
3       False
4       False
5       False
Name: age, dtype: bool
"""

#筛选元素
print(df[df['age'].isin(data2)])
"""
  name   age   height
0   mk    18    173
1   jc    19    180
2   jw    19    178
"""
```

6. 相关性分析函数

相关性分析是一种常见的统计分析方法，用于衡量两个变量之间的关联程度。它有助于我们了解变量之间的线性关系，并在数据分析和预测中发挥作用。

相关系数是衡量两个变量之间关系强度和方向的统计度量。在相关性分析中常用的相关系数有皮尔逊相关系数、斯皮尔曼相关系数和肯德尔相关系数等。这 3 种系数衡量的是两个变量之间变化趋势的方向和程度，其取值范围为-1～1。具体而言，相关系数为-1 表示完全负相关，为 1 表示完全正相关，为 0 表示无相关关系。

　　① 皮尔逊（Pearson）相关系数衡量的是两个变量之间的线性关系程度。皮尔逊相关系数假设变量之间存在线性关系，对异常值敏感。

　　② 斯皮尔曼（Spearman）相关系数是一种秩相关系数，用于衡量两个变量之间的单调关系，而不仅仅是线性关系。它将每个变量的观测值转换为等级，然后计算等级之间的皮尔逊相关系数。非线性或异常值对斯皮尔曼相关系数的影响较小。

　　③ 肯德尔（Kendall）相关系数也是一种秩相关系数，是用于反映有序分类变量相关性的指标。

　　采用皮尔逊相关系数进行检验时，我们应先检验数据是否服从正态分布，这里我们直接使用 scipy 包中 stats 模块的方法，当输出的 pvalue 值大于 0.05 时，则表明数据符合正态分布。下面的代码演示了如何计算数据平均值和标准差，以及进行正态性检验。

```python
import numpy as np
import pandas as pd
from scipy import stats
data1 = np.random.rand(100)
data2 = np.random.rand(100)
data3 = np.random.rand(100)
data = pd.DataFrame({'a':data1,'b':data2,'c':data3,})
#计算平均值
m1,m2,m3 = data['a'].mean(),data['b'].mean(),data['c'].mean()
#计算标准差
std1,std2,std3 = data['a'].std(),data['b'].std(),data['c'].std()
un1 = stats.kstest(data['a'], 'norm',(m1, std1))
print('a 正态性检验: \n',un1)
"""
a 正态性检验:
KstestResult(statistic = 0.09763557720774349, pvalue = 0.27776332753235844,
statistic_location = 0.7879648497251499, statistic_sign = -1)
"""
un2 = stats.kstest(data['b'], 'norm',(m2, std2))
print('b 正态性检验: \n',un2)
"""
b 正态性检验:
KstestResult(statistic = 0.09034805916384187, pvalue = 0.3660044567410565,
statistic_location = 0.3866954592100036, statistic_sign = 1)
"""
un3 = stats.kstest(data['c'], 'norm',(m3, std3))
print('c 正态性检验: \n',un3)
"""
c 正态性检验:
KstestResult(statistic = 0.07904364638762407, pvalue = 0.5336127241490168,
statistic_location = 0.7978674568418166, statistic_sign = -1)
"""
```

计算数据之间相关系数可直接调用 pandas 库中的 corr( )方法，代码如下。

```
#打印相关系数矩阵
#method 值可取 pearson、spearman、kendall，默认为 pearson
print(data.corr(method = 'pearson'))
"""
           a          b          c
a   1.000000   0.118696  -0.042766
b   0.118696   1.000000  -0.098965
c  -0.042766  -0.098965   1.000000
"""
#计算 a 与 b 之间的相关系数
print('a 与 b 之间的相关系数:',data['a'].corr(data['b']))
"""
a 与 b 之间的相关系数: 0.11869595152148932
"""
```

斯皮尔曼相关性分析对异常值和非线性关系的敏感度较低，适合处理不符合正态分布或其他特定分布假设的数据，因此它能够更加灵活和可靠地处理非线性情况。计算斯皮尔曼相关系数同样可以使用 pandas 库中的 corr( )方法，通过设置参数 method = 'spearman'即可。

肯德尔相关性分析主要应用于确定变量之间的排名或秩次关系，并且不依赖于具体的数值大小。该方法适用于不满足线性关系假设、存在非线性关系及数据缺失的场景。

5.3.2　算术运算与数据对齐

在 pandas 中，算术运算与数据对齐是一项重要的特性。用户可以对具有不同索引的数据进行运算，并保留索引之间的对应关系。这种算术运算可以应用于 Series 之间的运算、DataFrame 之间的运算，以及 Series 与 DataFrame 之间的运算。下面主要介绍 DataFrame 之间的算术运算与数据对齐。

DataFrame 之间的算术运算可以通过一些常用的算术操作符（如加号、减号、乘号、除号）来实现。在进行算术运算时，需要注意以下两点。

① DataFrame 之间的算术运算会按照索引的标签进行对齐。

② 如果进行算术运算的两个 DataFrame 中某个单元格在另一个 DataFrame 中不存在对应的值，计算结果是缺失值（NaN），下面的代码演示了如何进行 DataFrame 之间的算术运算。

```
import pandas as pd
d1 = pd.DataFrame({'A': [1, 2, 3], 'B': [4, 5, 6], 'C': [7, 8, 9]})
d2 = pd.DataFrame({'B': [10, 11, 12], 'C': [13, 14, 15]})
#加法运算，相同列名值对应相加，在缺失值位置填充 NaN
result = d1 + d2
print(result)
"""
     A   B   C
0  NaN  14  20
1  NaN  16  22
```

```
2 NaN  18   24
"""
#减法运算
print(d1 - d2)
"""
     A   B   C
0 NaN  -6  -6
1 NaN  -6  -6
2 NaN  -6  -6
"""
#乘法运算
print(d1 * d2)
"""
     A   B    C
0 NaN  40   91
1 NaN  55  112
2 NaN  72  135
"""
#除法运算
print(d1 / d2)
"""
     A         B         C
0 NaN  0.400000  0.538462
1 NaN  0.454545  0.571429
2 NaN  0.500000  0.600000
"""
```

在运算过程中数据对齐所产生的缺失值，可以通过 fillna( )方法来填充产生的 NaN 值。当然，在运算时也可以通过使用 add( )、sub( )、mul( )、div( )等方法的 fill_value 参数来替代缺失值进行运算。下面的代码演示了如何补全运算过程中数据对齐所产生的缺失值。

```
import pandas as pd
d1 = pd.DataFrame({'A': [1, 2, 3], 'B': [4, 5, 6], 'C': [7, 8, 9]})
d2 = pd.DataFrame({'B': [10, 11, 12], 'C': [13, 14, 15]})
result = d1 + d2
#将缺失值填充 4, inplace = True 表示原对象本身修改
result.fillna(4, inplace = True)
#d1 + d2，缺失列值用 3 代替来运算
print(d1.add(d2, fill_value = 3))
"""
     A   B   C
0  4.0  14  20
1  5.0  16  22
2  6.0  18  24
"""
```

习　题

本习题旨在使用 pandas 库读取 CSV 文件来分析电影数据集。数据集包含 3 个 CSV 文件：users.csv、moves.csv、ratings.csv。users.csv 字段包含用户 ID、性别、年龄、职业及邮编；moves.csv 字段包含电影 ID、电影名称及电影类型；ratings.csv 字段包含用户 ID、电影 ID、评分及日期。

分析需求如下。

① 找出电影平均评分最高的 5 部电影及其信息。

② 计算电影活跃度排名。

③ 找出每一类电影用户平均评分最高的电影名称。

④ 确定男女生评分差距最大的电影名称。

⑤ 列出男生最喜欢的电影排行。

第6章 Excel 和 Power BI 数据可视化

通过之前的学习我们已经知道，Excel 和 Power BI 都是 Microsoft 的产品，它们拥有广泛的用户基础和丰富的培训资源，它们都支持数学和统计函数、数据操作功能，同时在数据可视化方面提供了许多相同的常见图表类型。但不同的是，Excel 适用于小规模的数据可视化和基本数据分析任务，它在数据整合和建模、交互性和实时更新、共享和协作上的功能都相对有限。相比之下，Power BI 更适用于大型数据集、高级数据可视化和需要实时分析的场景，它具有更强大的功能，是专门为数据可视化和分析而设计的工具，提供了更多高级的数据可视化选项。总体而言，选择使用 Excel 还是 Power BI 取决于任务的规模和复杂性。

6.1 使用 Excel 进行数据可视化展示

在本任务中，首先我们将学习如何在 Excel 中插入图表，这是将数据以图形的形式呈现的基础。接着，我们将深入了解 Excel 中图表的相关要素，包括坐标轴、图例、趋势线等，这些元素对于创建有吸引力的图表至关重要。最后，我们将介绍常用的 Excel 图表类型，以帮助我们选择最适合数据的图表类型。

6.1.1 在 Excel 中插入图表

下面是在 Excel 中插入图表的步骤。

① 如图 6-1 所示，首先确保 Excel 中有规范的表格数据，然后选中这个表格，随后单击最顶部的"插入"菜单，在图示位置选择图表样式，即可生成一个图表。

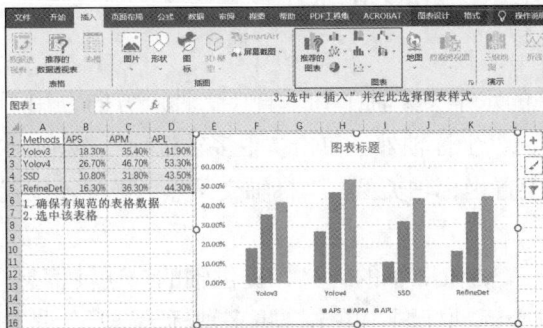

图 6-1 在 Excel 中插入图表步骤 1

② 如图 6-2 所示，单击图表右侧上方的加号，可以添加相应的图表元素，如坐标轴、图表标题等，具体的图表元素会在下文进行详细讲解。

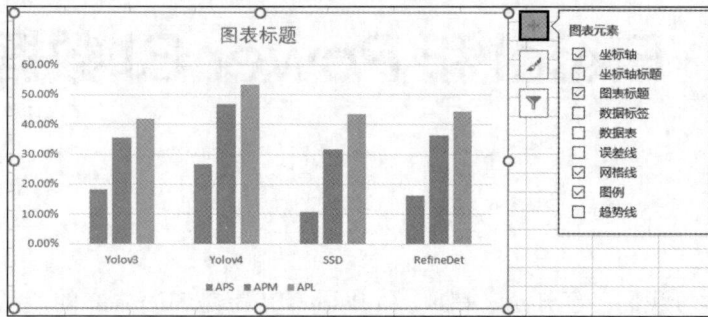

图 6-2　在 Excel 中插入图表步骤 2

6.1.2　Excel 图表相关要素

图表一共有 11 种元素：坐标轴、坐标轴标题、图表标题、数据标签、数据表、误差线、网格线、图例、线条、趋势线、涨/跌柱线。如图 6-3 所示，选中图表后，可以在"图表设计"菜单下的"添加图表元素"中找到这 11 种元素。

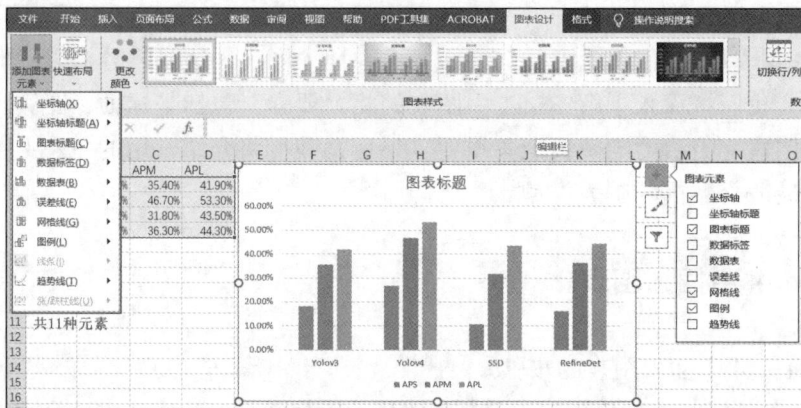

图 6-3　图表的 11 种元素

下面详细介绍这 11 种元素的用途及用法。

（1）坐标轴

坐标轴定义了图表中的水平（X 轴）和垂直（Y 轴）方向，用于标识数据点的位置。

除了能够设置主要横、纵坐标轴外，单击"更多轴选项"按钮，将会弹出"设置坐标轴格式"窗口，在此我们可以设置坐标轴类型、坐标轴交叉点、坐标轴位置，也可以勾选逆序类别。

（2）坐标轴标题

坐标轴标题用于标识 X 轴和 Y 轴的含义，提供轴的描述性信息。

它们主要包含横、纵坐标轴标题，单击"更多轴标题选项"按钮，将会弹出"设置坐标轴标题格式"窗口，在此我们可以对"标题选项"（如填充与线条、效果、大小与属性）及

"文本选项"进行设置。

（3）图表标题

图表标题是图表的名称，它概括了图表的主题或内容。

可以设置标题的位置为无、图表上方、居中覆盖，也可以自动调整至合适的位置。单击"更多标题选项"按钮，将弹出"设置图表标题格式"窗口，在此我们可以对"标题选项"（如填充与线条、效果、大小与属性）及"文本选项"进行设置。

（4）数据标签

数据标签会显示每个数据点的具体数值，有助于读者准确理解图表数据。

可以设置标签的位置为无、居中、数据标签内、轴内侧、数据标签外、数据标注，也可以自动调整到合适的位置。单击"其他数据标签选项"按钮，将会弹出"设置数据标签格式"窗口，在"标签选项"中，我们可以设置标签选项等。

（5）数据表

数据表会以表格形式显示与图表相关的数据，使读者可以查看详细信息。

可以设置显示为无、显示图例项标示、无图例项标示。单击"其他模拟运算表选项"按钮，将会弹出"设置模拟运算表格式"窗口，在"表选项"中，我们可以设置模拟运算表选项。

（6）误差线

误差线用于表示数据点的变异或不确定性，常用于散点图和柱形图。

可以设置误差线为无、标准误差、百分比、标准偏差。单击"其他误差线选项"按钮，将会弹出"设置误差线格式"窗口，在"垂直误差线"选项中，我们可以设置误差线的方向、末端样式、误差量。

（7）网络线

网格线用于在图表中创建水平和垂直线，有助于读者读取数据点的值。

可以设置主轴主要水平网格线、主轴主要垂直网格线、主轴次要水平网格线、主轴次要垂直网格线。单击"更多网格线选项"按钮，将会弹出"设置主要网络线格式"窗口，在此我们可以设置网络线的线条。

（8）图例

图例用于区分和标识图表中的不同数据系列，特别适用于图表包含多个数据系列场景。

可以设置图例的位置为无、右侧、顶部、左侧、底部。单击"更多图例选项"按钮，将会弹出"设置图例格式"窗口，在此我们可以设置图例的位置、填充方式、边框等。

（9）线条

线条是图表中的线形数据系列，如折线图中的线条表示数据趋势。

在折线图中我们可以选择设置线条为无、垂直线、高低点连线。

（10）趋势线

趋势线用于显示数据的趋势，例如线性回归或移动平均线。

可以设置趋势线为无、线性、指数、线性预测、移动平均。单击"其他趋势线选项"按钮，将会弹出"设置趋势线格式"窗口，在此我们可以设置趋势线的选项、名称、预测等。

（11）涨/跌柱线

涨/跌柱线是柱形图中用于展示数据变化趋势的重要元素，通过不同颜色或样式直观呈现数据的上升与下降情况。

设置涨/跌柱线时，可以右键点击柱形图，选择"设置数据系列格式"，在弹出的窗口中找到"涨/跌柱线"选项进行设置。可以自定义涨/跌柱线的颜色、线条样式和宽度等。此外，还可以通过"设置涨/跌柱线格式"窗口，进一步调整其透明度、阴影效果等，以增强图表的视觉效果和可读性。

6.1.3 常用 Excel 图表类型

相同的数据，使用不同的图表来进行展现，效果也会千差万别。因此我们需要根据数据的性质和分析需求选择合适的图表，以便清晰直观地呈现数据并有效传达信息。Excel 提供了丰富的图表类型，以满足各种数据可视化需求。下面，我们将会介绍 Excel 中常用的 16 种图表类型，包括柱形图、折线图、饼图、条形图、面积图、XY 散点图、股价图、曲面图、雷达图、树状图、旭日图、直方图、箱形图、瀑布图、漏斗图和组合图表。选择合适的图表类型对于有效地呈现数据至关重要。

1. 柱形图

柱形图是最常见的图表类型，适用于展示二维数据集。这类数据集的每个数据点包括两个值，即 X 和 Y。柱形图特别适用于只需要比较单一维度的场景，图 6-4 所示的柱形图呈现了一组二维数据，其中"年份"和"销售额"就是它的两个维度，但只需要比较"销售额"这一个维度。

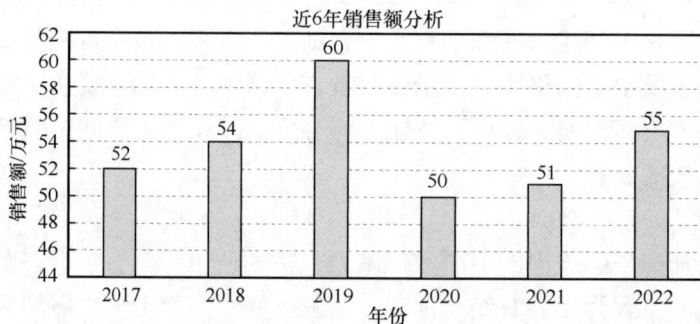

图 6-4　柱形图——近 6 年销售额分析

柱形图通常以水平轴组织类别，垂直轴组织数值，并利用柱子的高度反映数据的差异。由于人眼对高度差异的敏感度较高，柱形图易于解读，是一种非常有效的数据呈现方式。但柱形图的局限在于只适用中小规模的数据集。

通常来说，柱形图主要用于展示一段时间内数据的变化，其中 X 轴通常表示时间维度。用户习惯性地认为柱形图表现了时间趋势，尽管这并非柱形图的主要焦点。当 X 轴不涉及时间维度时，例如需要使用柱形图呈现各项之间的差异时，建议用颜色区分每根柱子，以改变用户对时间趋势的关注，如图 6-5 所示，我们可以用不同的颜色来区分不同的产品。

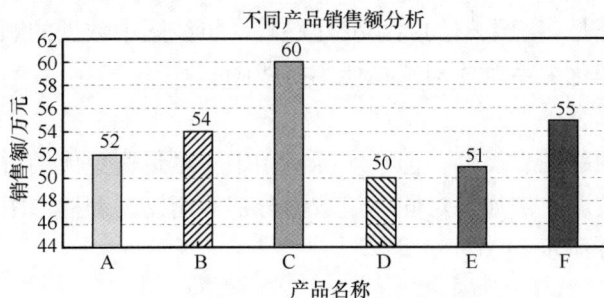

图 6-5　柱形图——不同产品销售额分析

2. 折线图

折线图也是常见的图表类型，它通过将同一数据系列的数据点在图上用线连接起来，以等间隔的方式显示数据的变化趋势，图 6-6 所示为某植物生长长度随浇水量变化趋势。折线图适用于呈现二维的大数据集，尤其是在需要强调趋势对比而非单个数据点的情况下。

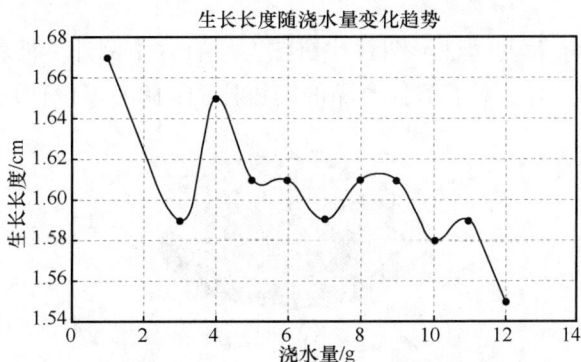

图 6-6　折线图——生长长度随浇水量变化趋势

折线图可以清晰地显示随时间而变化的连续数据（根据常用比例设置），它强调的是数据的时间性和变动率，因此非常适用于显示在相等时间间隔下数据的变化趋势。在折线图中，类别数据沿水平轴均匀分布，所有的数值数据沿垂直轴均匀分布。

折线图也适用于多个二维数据集的比较，图 6-7 所示为两种产品在同一段时间内的销售情况比较。

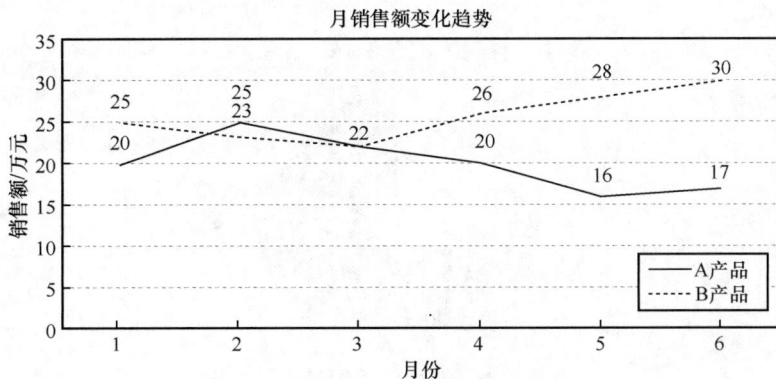

图 6-7　折线图——月销售额变化趋势比较

无论是展示单组还是多组数据的大小变化趋势，折线图中数据的顺序都非常重要。通常当数据之间存在时间变化关系时才会选择使用折线图。

3. 饼图

饼图虽然也是常用的图表类型，但在实际应用中应尽量避免使用饼图，因为人类肉眼对面积大小的辨识能力较弱。例如，对同一组数据分别使用饼图和柱形图来显示的效果可能会有显著差异，如图 6-8 所示。

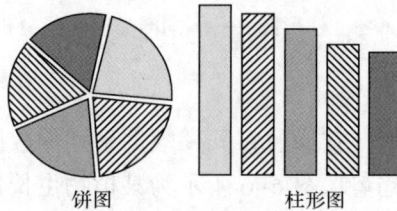

图 6-8　饼图和柱形图的显示比较

一般情况下，我们推荐使用柱形图替代饼图。但有一个例外，那就是当需要准确反映某个部分占整体的比例时，例如要了解各产品的销售比例，此时可以使用饼图，如图 6-9 所示。

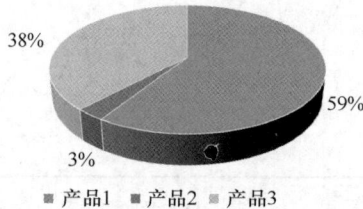

图 6-9　饼图——各产品销售比例

在这种情况下，饼图首先会将某个数据系列中的单个数据转为数据系列总和的百分比，然后按照百分比将其绘制在一个圆形上，不同的数据点之间用不同的图案或颜色填充。但饼图只能显示一个数据系列，如果有多个数据系列同时被选中，则将只显示其中的一个系列。

饼图包含圆环图，图 6-10 所示为各区对某工作任务的完成情况。圆环图类似于饼图，它是使用环形的一部分来表现一个数据在整体数据中的大小比例。圆环图也用于显示单个数据点相对于整个数据系列的关系或比例，还可以包含多个数据系列。

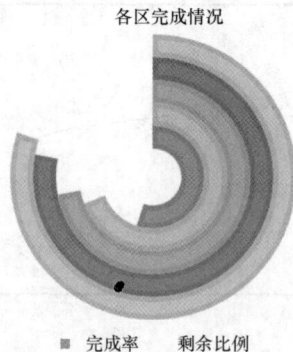

图 6-10　圆环图——各区完成情况

4. 条形图

条形图用于显示各项目之间数据的差异，它与柱形图具有相同的表现目的，不同的是，柱形图是在水平方向上依次展示数据，条形图是在垂直方向上依次展示数据，如图 6–11 所示。

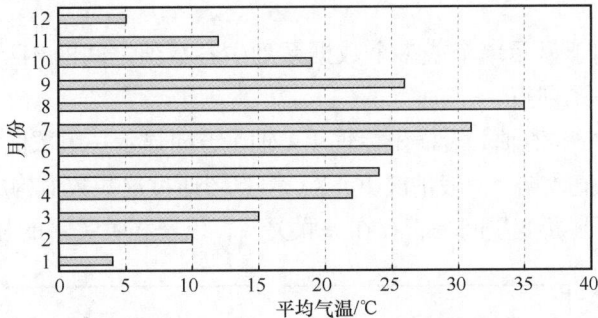

图 6–11　条形图——1～12 月的平均气温

条形图描述了各个项之间的差别情况。在条形图中，分类项垂直表示，数值水平表示。这种排列方式有助于突出数值的比较，同时淡化随时间的变化。

条形图常应用于需要绘制较长轴标签，以免出现柱形图中省略长分类标签的情况，如图 6–12 所示为各片区销售额统计情况。

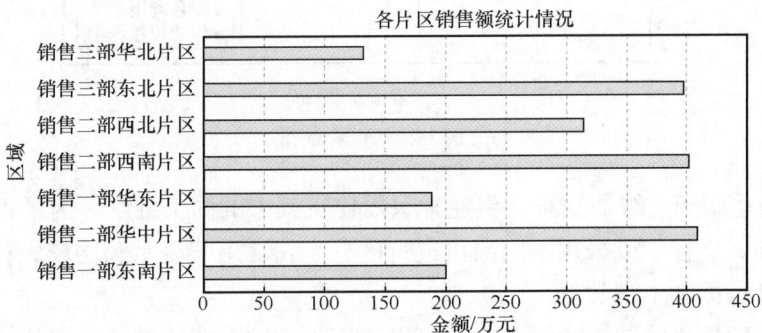

图 6–12　条形图——适用于绘制较长轴标签的情况

5. 面积图

面积图与折线图类似，也可以显示多组数据系列，不过面积图在连线与分类轴之间用不同的图案或颜色填充，主要用于表现数据的趋势。与折线图不同的是，折线图只能单纯地反映每个样本的变化趋势，如某产品每个月的变化趋势，而面积图除了可以反映每个样本的变化趋势外，还可以显示总体数据的变化趋势，即通过面积的展示，图 6–13 所示为 3 种产品销售额统计情况。

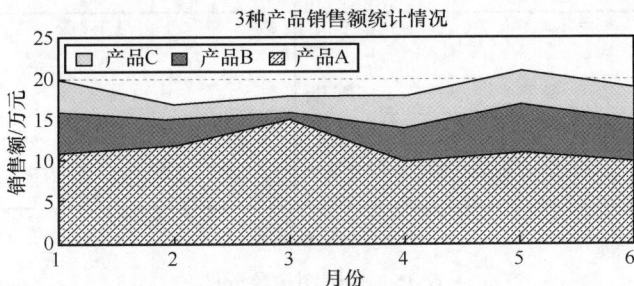

图 6–13　面积图

面积图可用于绘制随时间发生的变化量，常用于引起人们对总值趋势的关注的场景。通过显示所绘制值的总和，面积图还可以显示部分与整体的关系。面积图强调的是数据的变动量，而不是时间的变动率。

6. XY 散点图

XY 散点图主要用于显示单个或多个数据系列中各数值之间的相互关系，或者将两组数据绘制为 XY 坐标的一系列点。

XY 散点图包括两个数值轴，沿横坐标轴（X 轴）方向显示一组数值数据，沿纵坐标轴（Y 轴）方向显示另一组数值数据。一般情况下，XY 散点图通过这些数值构成多个坐标点，通过观察坐标点的分布，即可判断变量间是否存在关联关系，以及相关关系的强度，如图 6-14 所示。

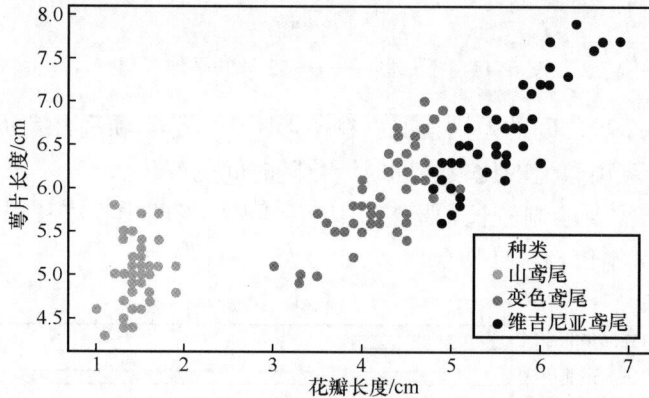

图 6-14　XY 散点图

XY 散点图适用于三维数据集，但通常只需比较其中的两个维度。为了识别第三维，可以为每个点添加文字标签或采用不同颜色进行区分。它常用于显示和比较成对的数据，例如科学数据、统计数据和工程数据。

此外，如果数据之间缺乏相关关系，可以使用 XY 散点图总结特征点的分布模式，即矩阵图（象限图），如图 6-15 所示。

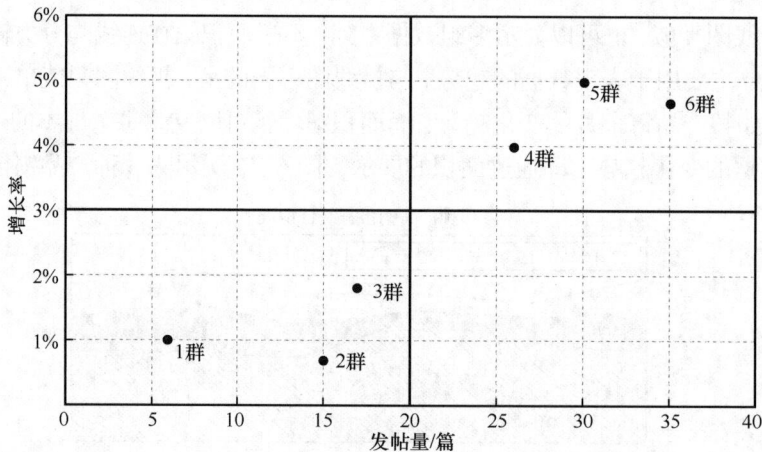

图 6-15　矩阵图（象限图）

气泡图是 XY 散点图的一种变体，它可以反映 3 个变量（*X*、*Y*、*Z*）的关系，反映到气泡图中就是不同颜色或图案的气泡的面积大小，如图 6-16 所示。这样就解决了在二维图中表达三维关系的问题。

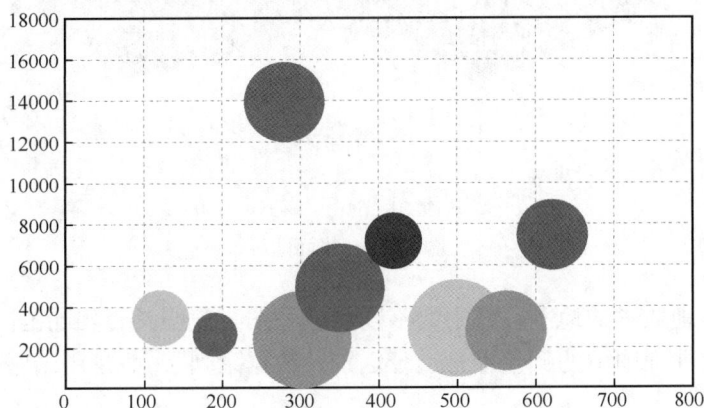

图 6-16　气泡图

7. 股价图

股价图经常用于描绘股票价格走势，如图 6-17 所示。不过，这种图表也可用于科学数据，例如，可以使用股价图来显示每天或每年温度的波动。

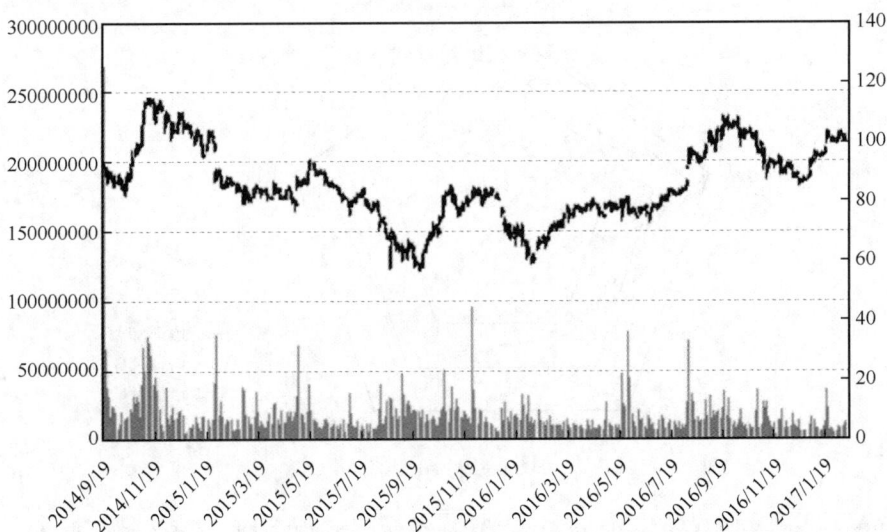

图 6-17　股价图

股价图数据在工作表中的组织方式非常重要，只有按正确的顺序组织数据才能创建股价图。例如，若要创建一个简单的盘高—盘低—收盘股价图，应按照盘高—盘低—收盘这一次序输入的列标题来排列数据。

8. 曲面图

曲面图用于展示连接一组数据点的三维曲面。当需要寻找两组数据之间的最优组合时，可以使用曲面图进行分析，如图 6-18 所示。

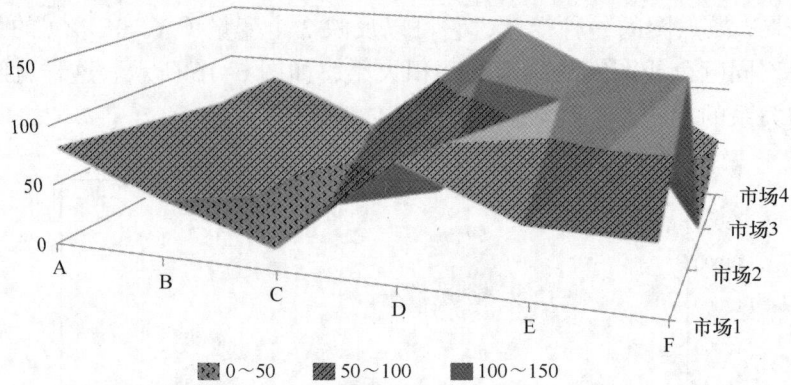

图 6-18　曲面图

0~50　　50~100　　100~150

曲面图类似于地质学的地图，其中的不同颜色和图案表明具有相同范围值的区域。与其他图表类型不同，曲面图中的颜色不是用于区别"数据系列"，而是用于区分数值。

9. 雷达图

雷达图用于显示独立数据系列之间及某个特定系列与其他系列的整体关系。每个分类都拥有自己的数值坐标轴，这些坐标轴从中心点向外辐射，并由折线将同一系列中的值连接起来，如图 6-19 所示。

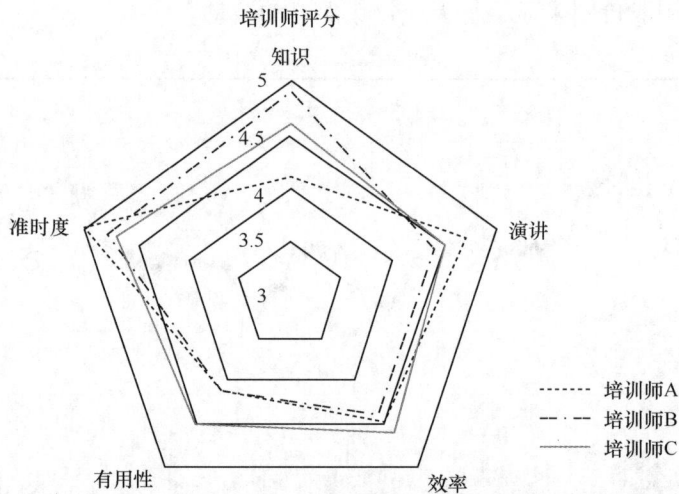

图 6-19　雷达图

在雷达图中，面积越大的数据点，表示其越重要。雷达图适用于多维数据（四维及以上），且每个维度必须可以排序。但是，它有一个局限，即数据点最多为 6 个，否则无法辨别，因此其适用场合有限。此外，由于很多用户不熟悉雷达图，可能存在阅读困难。因此，在使用时应尽量加上雷达图的说明，以减轻阅读负担。

10. 树状图

树状图，全称为矩形式树状结构图，是一种层次结构可视化的图表，可以使用户轻松地发现不同系列或数据之间的大小关系，如图 6-20 所示，我们可以清晰看到该商品在 11 月份的销量最高，其他月份的销量按照方块的大小依次排列。

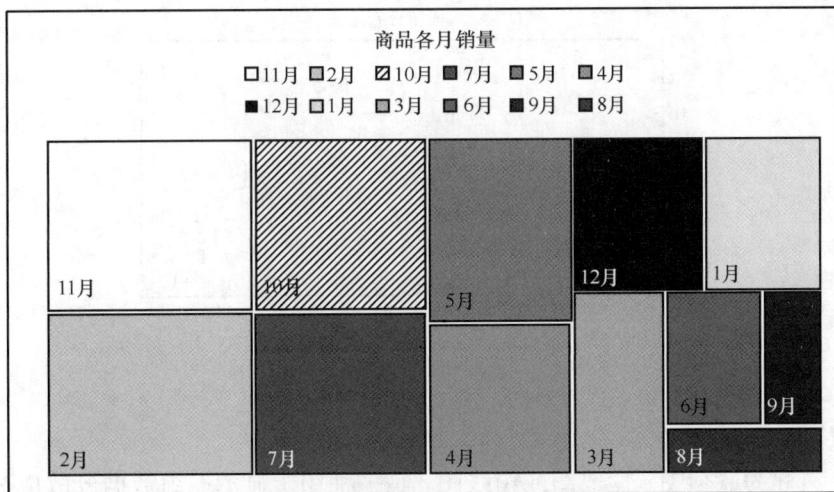

图 6-20　树状图——商品各月销量

11. 旭日图

当需要显示超过两个层级的数据时，树状图基本上没有太大的优势。这时可以考虑使用旭日图，如图 6-21 所示。旭日图主要用于展示数据之间的层级和占比关系，从环形内向外逐渐细分层级。其优点在于可以根据需要分出任意数量的层级，具有较高的灵活性。其实，旭日图的功能类似于在旧版 Excel 中制作的复合环形图，即将几个环形图套在一起，只是旭日图简化了制作过程。

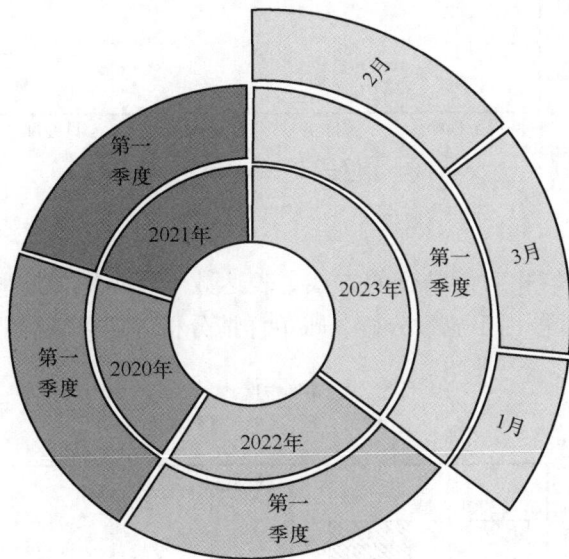

图 6-21　旭日图

12. 直方图

直方图是一种用于描绘测量值与平均值之间变化程度的条形图类型。通过分布的形状和分布的宽度（即偏差），它可以帮助用户确定过程中的问题原因。在直方图中，频率由条形的面积而不是由条形的高度来表示，如图 6-22 所示。

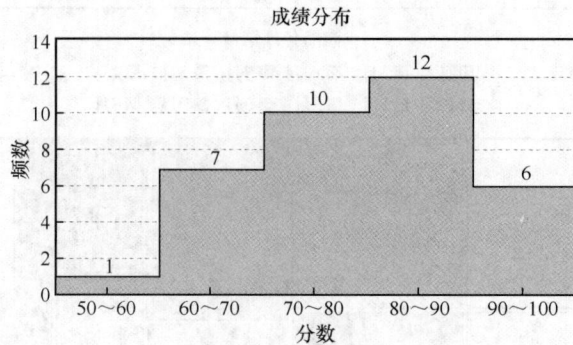

图 6-22 直方图

13. 箱形图

箱形图，又称为盒须图、盒式图或箱线图，是一种用于显示一组数据分散情况的统计图，如图 6-23 所示。它通过绘制数据的最小值、第一四分位数、中位数、第三四分位数和最大值来描述数据的分布情况。

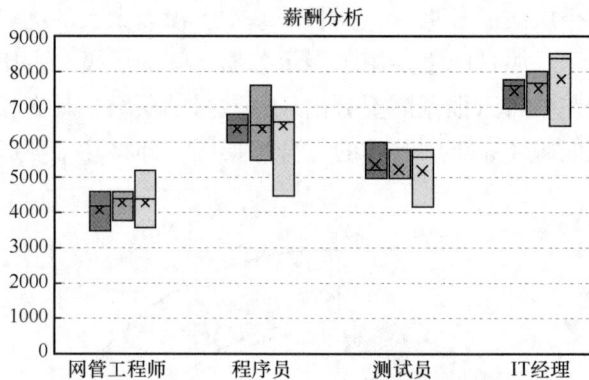

图 6-23 箱形图

14. 瀑布图

瀑布图采用绝对值与相对值结合的方式，表达数个特定数值之间的数量变化关系，如图 6-24 所示。瀑布图常被用于盈亏分析、账单详情分析等业务场景。

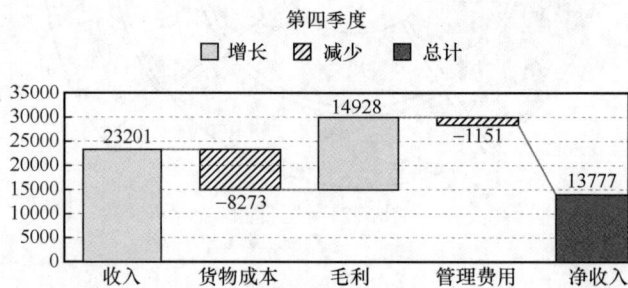

图 6-24 瀑布图

15. 漏斗图

漏斗图主要用于展示过程中逐渐减少或被筛选的数据，通常用于表示销售或转化过程的各个阶段，它可以帮助我们识别潜在问题或瓶颈，从而支持决策和优化策略。例如图 6-25 展示了招聘过程中的人数变化情况。

单位: 人数

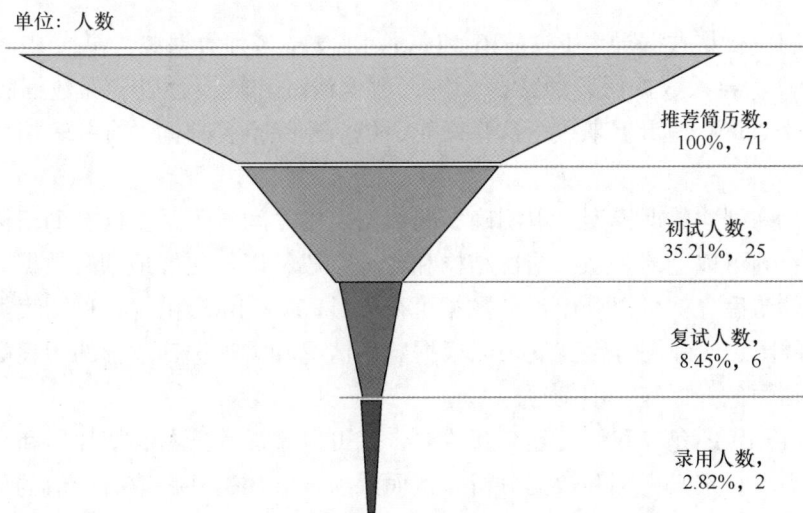

图 6-25　漏斗图

16. 组合图表

组合图表是指在一个图表中应用多种图表类型的元素来同时展示多组数据。组合图可以使图表类型更加丰富，还可以更好地区别不同的数据，并强调不同数据关注的侧重点。图 6-26 展示了一个结合柱形图和折线图的组合图表，其通过不同的图表元素来区分和强调数据的不同方面。

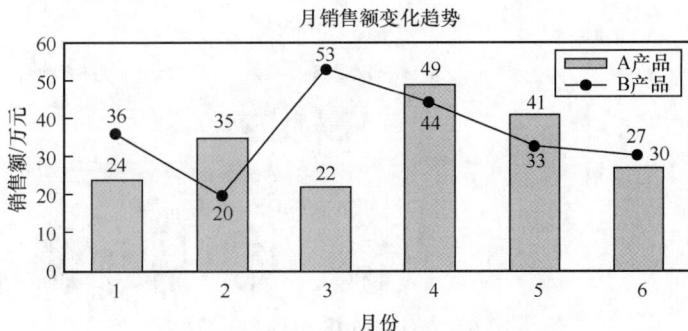

图 6-26　组合图表——月销售额变化趋势

6.2　使用 Power BI 进行数据可视化分析

在本节中，我们将深入学习如何使用 Power BI 进行数据可视化分析，以帮助我们更好地理解和传达数据的价值。我们将探讨多种数据可视化方法，包括对比分析、结构分析、相关分析、描述性分析以及关键绩效指标（KPI）分析，以应对不同的数据展示场景。

6.2.1 Power BI 数据可视化工具

首先，我们需要将数据导入 Power BI。Power BI 支持多种数据源，包括 Excel、SQL 数据库、在线服务等。导入数据后，通常需要进行数据清洗和转换，以确保数据的质量。我们可以使用 Power Query 编辑器来执行这些操作，包括删除重复数据、合并表格、更改数据类型等。

Power BI 允许创建数据模型，以明确不同数据表格之间的关系。这有助于构建多维度的分析和报告。我们可以创建关系、层次结构和计算字段，以便更好地理解数据。

数据准备就绪后，就可以开始设计数据可视化。Power BI 提供了各种图表类型，如柱形图、饼图、折线图、子弹图等。我们可以根据数据情况和需求选择适当的图表类型，并对其进行定制，包括颜色、标签、图例等。

同时，Power BI 还允许我们创建交互式报告。可以添加筛选器、切片器和书签，以便用户可以根据其需求自定义视图和数据分析，从而深入探索数据并提取有价值的见解。

Power BI 包含了一系列组件和工具，如图 6-27 所示。其中有 4 个核心工具：Power Query、Power Pivot、Power View 和 Power Map。下面将分别对它们进行简要介绍。

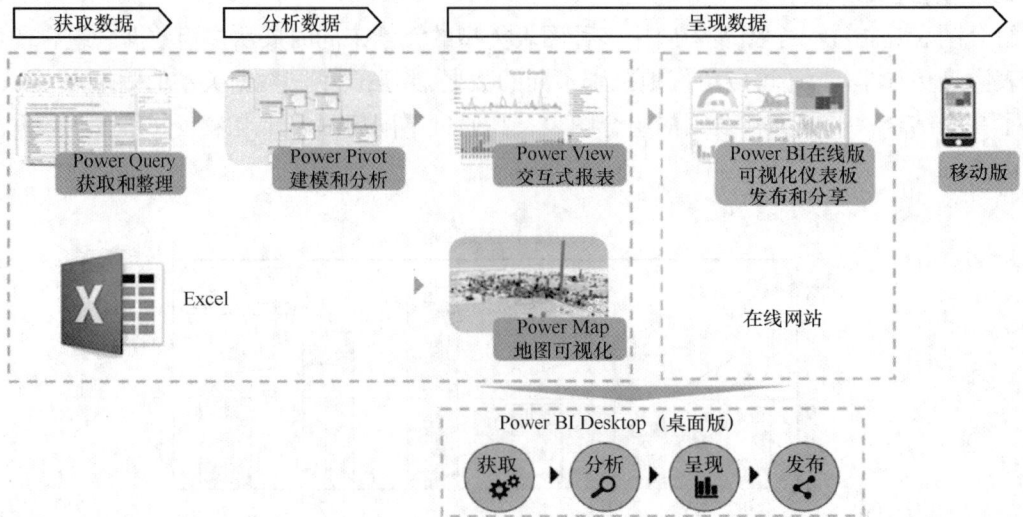

图 6-27 Power BI 组件和工具

1. Power Query

作为一个商业数据分析工具，Power BI 支持导入 Excel、文本文件和几乎所有主流数据库作为数据源。获取数据的模块在 Power BI 中被称为 Power Query。

Power Query 是微软的数据连接和数据准备技术，它使用户能够轻松地访问存储在数百个数据源中的数据，并通过易于使用、引人入胜且不需要编写代码的用户体验来对数据进行调整以满足他们的需求。

在 Power Query 编辑器中，用户可以使用超过 300 种不同的数据转换功能，并且可以随时查看每个转换步骤的数据。这些数据转换功能在所有数据源中都是通用的，且不受基础数据源的限制。此外，所有处理步骤都会被记录下来，当源数据发生变动时，只需要刷新就可以自动执行所有处理操作。

2．Power Pivot

Power Pivot 是一种数据建模技术，用于创建数据模型、建立关系及创建计算。我们可以使用 Power Pivot 来处理大型数据集、构建广泛的关系及创建复杂或简单的计算，这些操作全部都在高性能环境和 Excel 内完成。

在 Excel 中，我们熟悉的数据透视表概念在 Power Pivot 中被称为"超级透视"。尽管根据这个翻译，Power Pivot 似乎只是数据透视表的升级版，但实际上它的功能要比数据透视表强大得多。所以 Power Pivot 被广泛认为是数据建模的重要工具，同时它也被称为微软近 20 年来最伟大的发明之一，也是 Power BI 的核心。Power Pivot 用到的语言是数据分析表达式（DAX），这和 Power BI 中建模选项卡的功能区也非常相似，因此学习 Power Pivot 就是学习 Power BI 的数据建模，二者的本质是相同的。

3．Power View

Power View 是一种数据可视化技术，用于创建交互式图表、图形、地图和其他视觉效果，以便直观地呈现数据。Power View 适用于 Excel、BI SharePoint、SQL Server 和 Power BI。

在 Power View 中，可以快速创建各种可视化效果，包括表格、矩阵、饼图、条形图、气泡图及多个图表的组合。通常建议从表格开始创建可视化，因为表格可以被轻松转换为其他可视化形式，从而找到能清晰传达数据信息的最佳方式。

4．Power Map

Power Map 是直接嵌套在 Excel 中的基于地图的可视化工具，其同样可以在 Power BI 中通过地图功能来实现。

6.2.2　对比分析——条形图、柱形图、雷达图、漏斗图

对比分析旨在比较不同数据元素之间的性能、趋势或指标，以识别差异和相似之处，其主要用于比较不同时间段、地区、产品、部门等的核心业务指标，以便识别出最佳和最差的绩效表现。这里我们主要介绍条形图、柱形图、雷达图和漏斗图。

1．条形图与柱形图

条形图通常用于显示分类数据，其中一个轴表示不同的类别或类目，而另一个轴表示度量值（通常是数量或百分比）。在条形图中，数据以水平的条形表示，条形的长度表示度量值的大小。

从严格意义上讲，柱形图也是条形图的一种，因为它们本质上是同一类图表的不同表现形式。为了区分，人们通常将条形图的定义狭义化仅指水平条形图，而将垂直条形图称为柱形图。它们的唯一区别在于它们的横纵坐标对换了。条形图横坐标展示数据量，而柱形图数据量是用纵坐标展示的。因此，我们将条形图和柱形图放在一起介绍，并以条形图为例。

条形图包括堆积条形图、簇状条形图和百分比堆积条形图。

（1）堆积条形图与柱形图

在工作中，为了反映数据的细分和总体情况，我们经常会使用到堆积条形图。堆积条形

图不仅显示单个项目与整体之间的关系，还能够使人们一眼看出各个数据的大小，便于比较数据之间的差异。它利用条状的长度来反映数据的差异，使数据更加直观。堆积条形图不仅可以直观地看出每个系列的值，还能够反映出系列的总和，尤其适用于需要查看某一单位的总和及各系列值的比重的场景。

堆积条形图有 3 个组成要素：组数、组宽度、组限。

① 组数。表示把数据分成几组。通常将数据分成 5～10 组。

② 组宽度。每组的宽度通常是一致的。组数和组宽度的选择不是独立决定的，选择方法：近似组宽度 =（最大值－最小值）/组数，然后根据四舍五入确定初步的近似组宽度，最后根据数据的状况进行调整。

③ 组限。分为组下限（进入该组的最小可能数据）和组上限（进入该组的最大可能数据），并且一个数据只能在一个组限内。

图 6-28 所示的堆积条形图展示了 A～F 共 6 款产品在不同年份的销售情况。

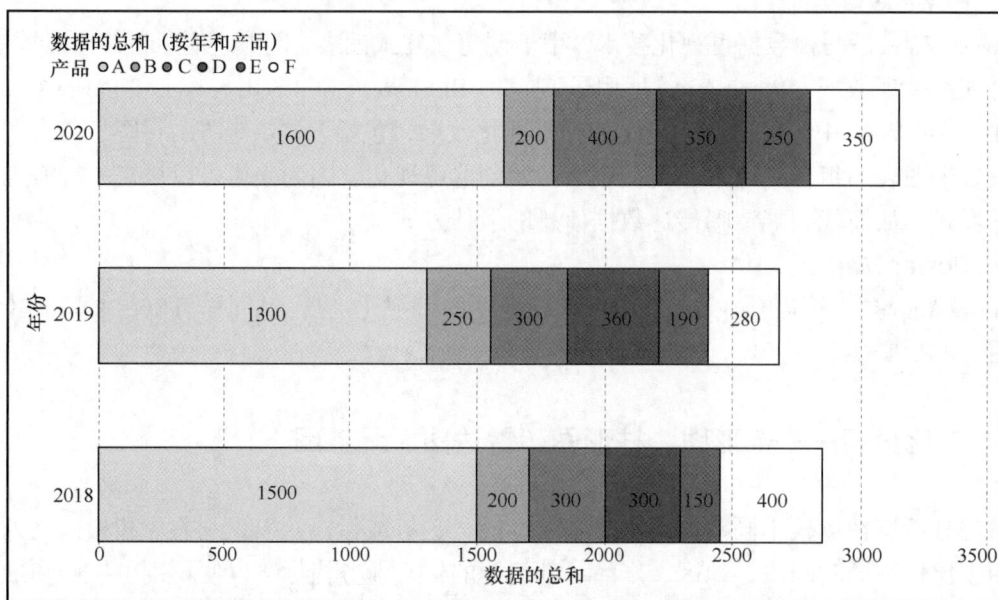

图 6-28　堆积条形图——产品销售情况

（2）簇状条形图与柱形图

簇状条形图用于比较各个类别的值，如图 6-29 所示。在簇状条形图中，通常沿垂直轴组织类别，沿水平轴组织数值。

三维簇状条形图以三维格式显示水平矩形，而不以三维格式显示数据。簇状柱形图分为组间柱形图和组内柱形图。组间簇状图又称双维度柱形图，适合分析有层级关系的数据。组内柱形图中的矩形一般按照对比维度字段切分，并以并列生长的方式呈现，采用不同的颜色来反映对比维度间的关系，适合分析对比组内各项数据。

簇状条形图的特点包括：首先，它能直观展现出各个数据的大小；其次，它易于对比同一维度下各个数据之间的差异；相对于普通条形图来说，它能容纳更多不同层级的数据；相对于柱形图来说，其横向布局更方便展示较长的维度项名称。

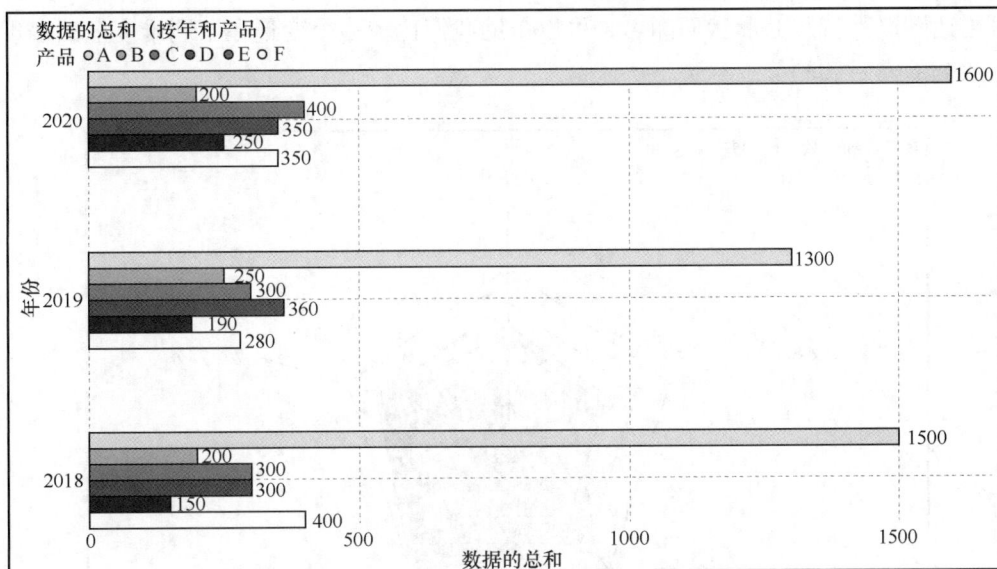

图 6-29　簇状条形图——产品销售情况

在绘制簇状条形图时，应注意数据分类组数不宜过多，且每组分类项最好不要超过 4 项，以确保图表的可读性。同时应注意图形美观，例如可以删除多余元素、适当修改配色和字体、突出重点信息等。

（3）百分比堆积条形图与柱形图

百分比堆积条形图采用堆积条形图的形式来显示多个数据序列，其中每个堆积元素的累积比例始终总计为 100%，如图 6-30 所示。它主要用于显示一段时间内的多项数据占比情况。

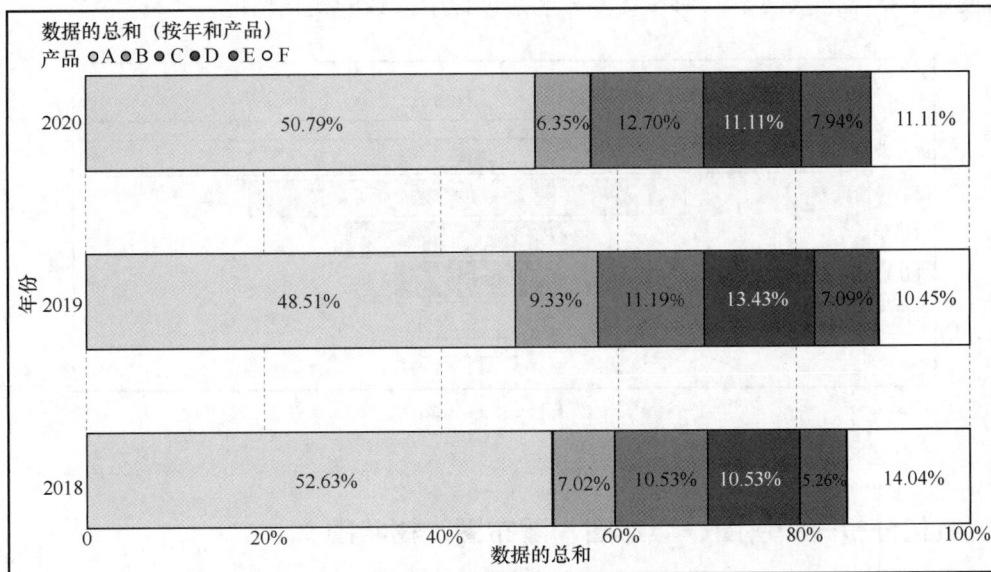

图 6-30　百分比堆积条形图——产品销售情况

2. 雷达图

雷达图，也称为极坐标图或蜘蛛图，是一种用于可视化多维数据的图表类型，如图 6-31

所示。雷达图以其特殊的形状而闻名，可以帮助我们比较多个变量在不同维度上的表现，以便识别数据的模式和趋势。

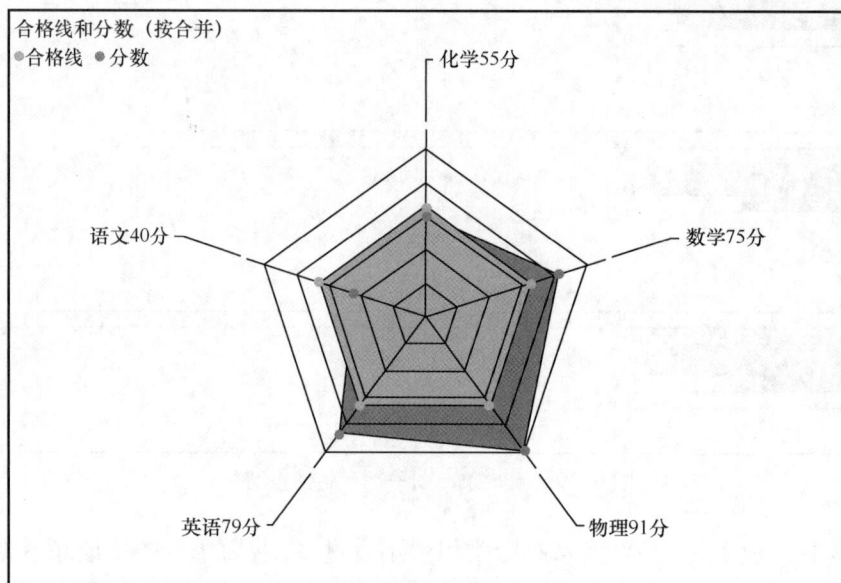

图 6-31　雷达图

3. 漏斗图

漏斗图是一种用于可视化流程或阶段中数据逐渐减少的图表类型。漏斗图通常用于表示销售渠道、转换率、客户筛选过程等，以便观察在不同阶段的数据如何变化。图 6-32 展示了商城网站中从"进入网站"到"支付"这一过程中人数的变化情况。

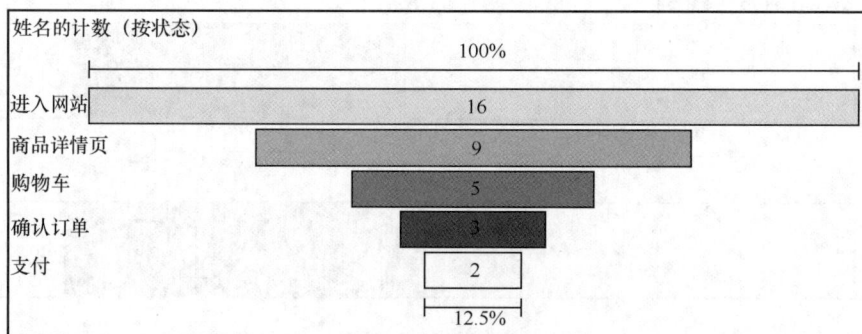

图 6-32　漏斗图

6.2.3　结构分析——饼图、环形图、瀑布图、树状图

结构分析涉及将数据组织成更易于理解和有意义的结构，通常涉及层次结构、关系和分类，其主要用于构建多维数据模型，清晰地定义数据表格之间的关系，以便用户更好地分析和理解数据。在这里，我们主要介绍饼图、环形图、瀑布图和树状图。

1. 饼图与环形图

饼图用于表示整体与不同部分之间的比例关系，每个部分表示一个类别或数据子集的百分比。饼图通常是一个圆形，被分成几个扇形区域，每个区域的大小表示该类别的百分比，如图 6-33 所示。因此饼图可以用于显示数据的相对份额，以便快速比较不同类别的贡献。

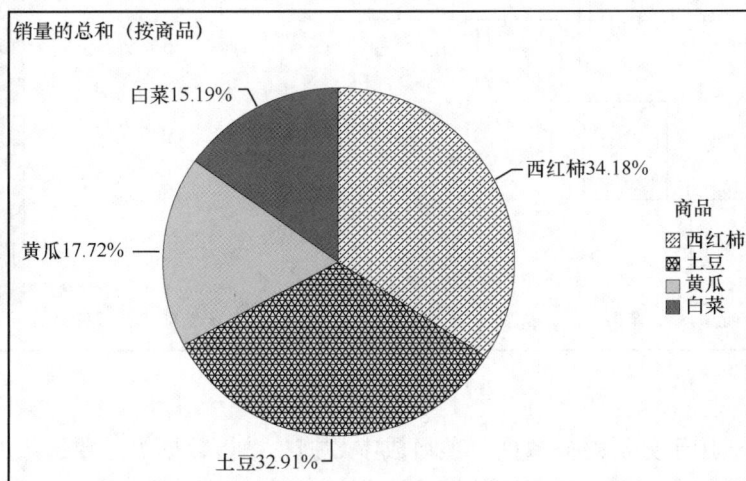

图 6-33　饼图

环形图是饼图的一种变体，它与饼图类似，但有一个中央孔洞，因此看起来像一个圆环，如图 6-34 所示。这个中央孔洞可以用于添加额外的信息或标签。环形图与饼图一样，用于表示部分与整体之间的比例关系，但相比之下，环形图通常更易于阅读，因为它不需要用户去比较扇形区域的角度。

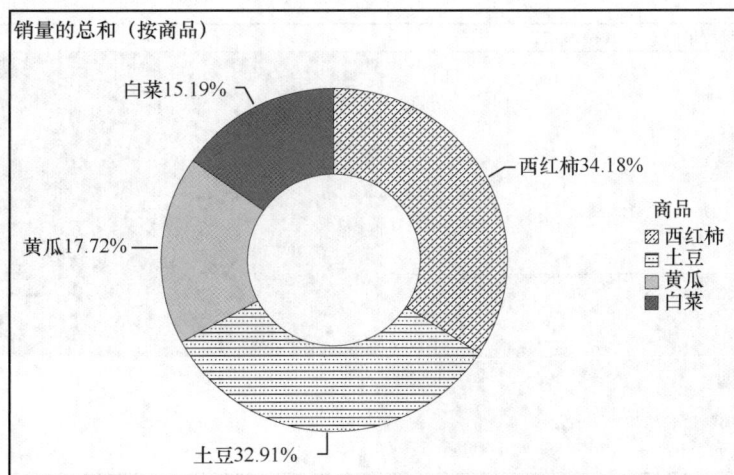

图 6-34　环形图

2. 瀑布图

瀑布图是一种用于可视化数据中各个因素对总体变化的贡献的图表类型，如图 6-35 所示。瀑布图通常用于展示数据的逐级变化，以帮助用户理解数据在不同因素影响下的累积效应。

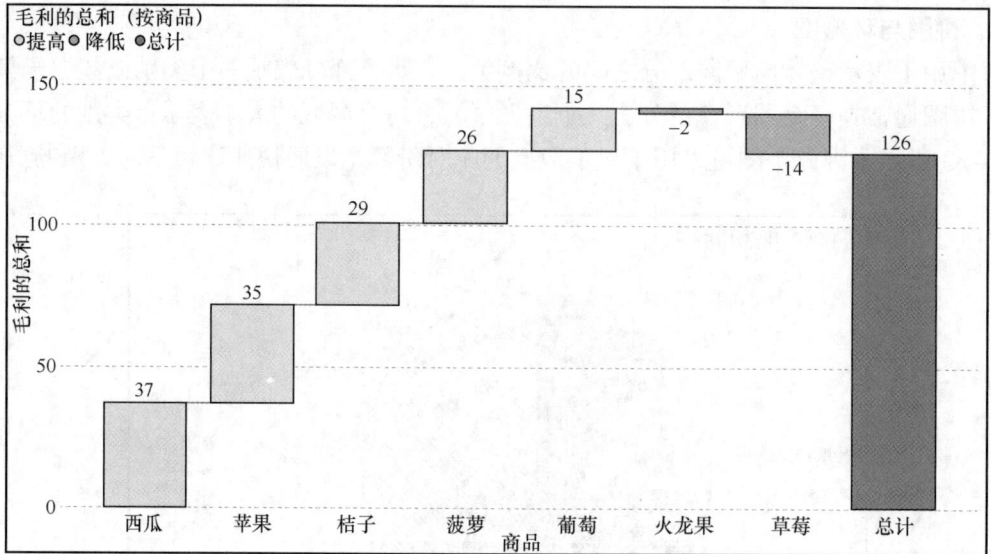

图 6-35　瀑布图

瀑布图特别适用于分析财务数据、项目成本数据、销售数据等需要逐级追踪数据变化的情景。它能够帮助用户更深入地理解数据的构成，识别各个因素对整体结果的影响，从而支持制定决策和沟通数据。

3. 树状图

树状图是一种用于可视化层次数据结构的图表类型，它将数据以矩形块的形式展示出来，每个矩形块的大小表示数据的数量或值，而矩形块的嵌套关系表示数据的层次结构，如图 6-36 所示。

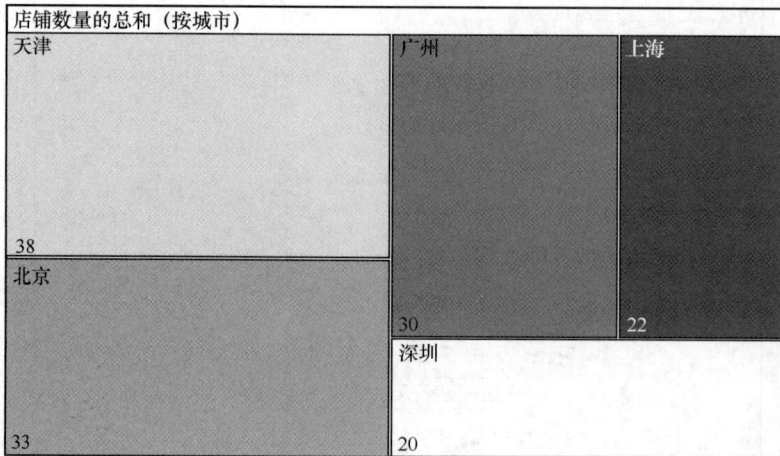

图 6-36　树状图

树状图非常适合用于展示有层次关系的数据，以便用户更好地理解数据的组织和分布情况，例如销售分析、产品分类、地理区域分布等。同时，Power BI 的树状图还支持一些高级功能，如数据排序、数据筛选和数据切片，这些功能可以帮助用户更好地定制图表以满足不同的数据分析需求。

6.2.4　相关分析——散点图、折线图

相关分析用于识别不同变量之间的关联性和相互影响，它包括相关系数、散点图和回归分析等方法。其主要用于确定变量之间的相关性，例如销售额与广告支出之间是否存在关联。这里我们主要介绍散点图和折线图。

1. 散点图

散点图是指在数理统计回归分析中，数据点在直角坐标系平面上的分布图。散点图表示因变量随自变量而变化的大致趋势，由此趋势可以选择合适的函数进行经验分布的拟合，进而找到变量之间的函数关系。

在散点图中，数据通过图表来直观展示，这在工作汇报等场合能起到事半功倍的效果，让听者更容易接受、理解你所处理的数据。同时，散点图更偏向于研究型图表，有助于揭示变量之间隐藏的关系（包括线性关系、指数关系、对数关系等，当然没有关系也是一种重要的关系），对我们的决策起到重要的引导作用。散点图在经过回归分析之后，可以对相关对象进行预测分析，进而支持科学的决策，例如医学中的白细胞散点图可以在医学检测方面为我们的健康提供精确的分析，为医生后续的判断提供重要的技术支持。

散点图的主要构成元素包括数据源、横纵坐标轴、变量名、研究对象。其基本的要素就是数据点，也就是我们统计的数据，通过这些点的分布我们才能观察出变量之间的关系。而散点图一般研究的是两个变量之间的关系，往往满足不了我们日常的需求。因此，气泡图应运而生，它为散点图增加变量（如通过点的大小或者颜色构建第 3 个变量），提供更加丰富的信息，因为生成的散点图形似气泡，故得名气泡图，如图 6-37 所示。

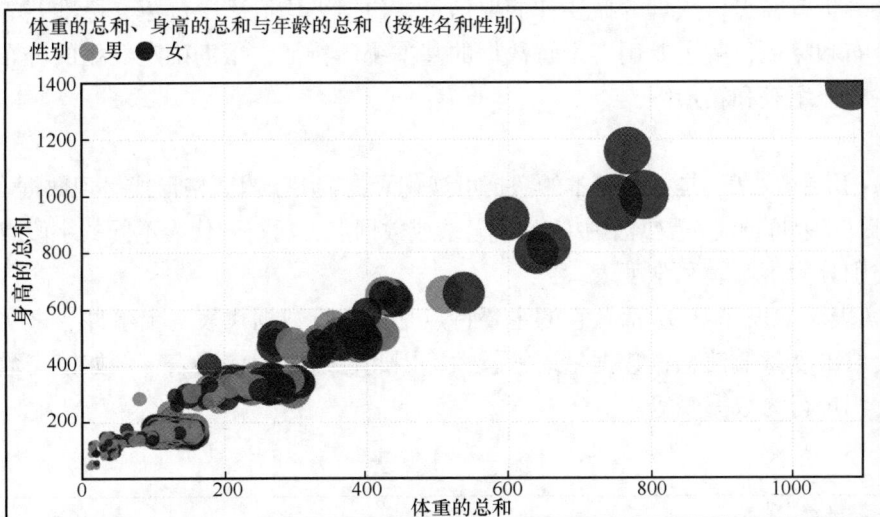

图 6-37　气泡图

2. 折线图

折线图是一种用于展示数据趋势和变化的图表类型，它通常用于显示随时间或其他连续变量而变化的数据，以便观察数据的趋势、波动和关系。折线图可以显示多个数据系列，每

个系列通常由一条折线表示，这使我们可以在同一图表中比较不同变量或组之间的趋势，如图 6-38 所示。因此折线图适用于很多情况，包括股票价格走势分析、销售趋势分析、气温变化趋势等，它是探索和可视化时间序列数据的重要工具。

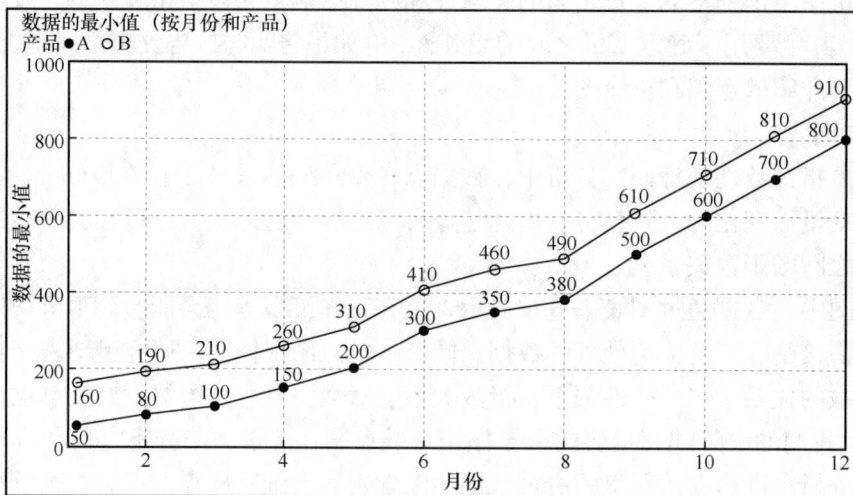

图 6-38　折线图

Power BI 还支持一些高级功能，如添加趋势线、计算移动平均线、分析季节性模式等，以便更深入地分析和可视化数据。

6.2.5　描述性分析——表、箱形图

描述性分析旨在提供数据的概要和摘要信息，包括平均值、中位数、标准差等，以便了解数据的分布和特征，其主要用于了解数据的基本统计特征，帮助确定数据的分布和趋势。这里我们主要介绍表和箱形图。

1. 表

在 Power BI 中，"表"是一种基本的数据可视化元素，用于以表格形式呈现数据。表格通常包含行和列，其中每行代表数据集中的一个记录或数据点，而每列代表不同的字段或属性。

表的类别分为事实表和维度表。

① 事实表。如表 6-1 所示，它的主要特点是每一行数据代表一个事件、事实或记录，能够从中提取出度量值信息；数据量通常较大，因此也被称为数据表，例如销售数据表、订单数据表、用户行为数据表等。

表 6-1　事实表

姓名	行为	时间
张三	下单	2023-11-01 12:30:23
张三	取消订单	2023-11-01 12:35:12
李四	收藏	2023-11-01 13:46:56
李四	加入购物车	2023-11-01 20:01:10
王五	下单	2023-11-02 00:05:31

② 维度表。如表 6-2 所示，它的主要特点是包含类别属性信息，数据量较小。这类表格通常包括日期、门店名称、产品 ID、顾客 ID 这些不重复的唯一字段。它也被称为 Lookup 表，因为在 Excel 中，我们经常把它们当作 VLOOKUP 函数中的目标查询表来使用。例如日历表、门店信息表、产品表、顾客信息表等都属于维度表的范畴。

表 6-2　维度表

姓名	ID	性别
张三	U00001	男
李四	U00002	男
王五	U00003	女

2. 箱形图

箱形图是一种数据可视化工具，用于显示数据集的分布特征、中位数、上下四分位数、异常值和数据的离散度，如图 6-39 所示。它是一种用于展示数据分布和识别异常值的有效工具。

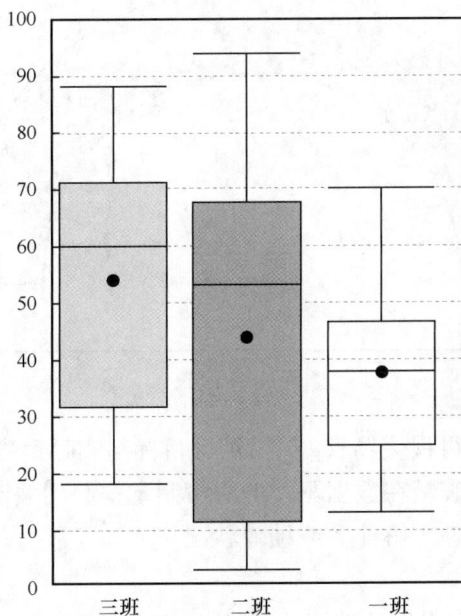

图 6-39　箱形图

箱形图主要由以下元素组成。

① 箱体。表示数据的四分位范围，从第一四分位数（Q1）到第三四分位数（Q3）。箱体内的中线表示数据的中位数。

② 须线。从箱体两侧伸出的直线，通常表示数据的范围。通常，箱形图的须线会延伸到数据的最小值和最大值，但不包括异常值。

③ 异常值。位于须线之外的数据点，这些值被视为离群值或异常值。这些值可以单独显示，通常以点、星号或其他标记表示。

箱形图适用于各种业务场景，包括质量控制、销售分析、生产数据监测、医学研究等。

6.2.6　KPI 分析——仪表板、KPI、子弹图

KPI 分析涉及追踪和分析关键绩效指标，这些指标通常与组织或项目的目标和成功有关。其主要用于监测和评估业务或项目的关键绩效指标，以确定是否达到了预定的目标，并据此采取必要的措施。通过 KPI 分析，我们能够深入了解业务或项目的表现，从而及时作出调整和优化，以确保整体目标的顺利实现。这里我们主要介绍仪表板、KPI 和子弹图这 3 种类型图表。

1．仪表板

仪表板是一种用于可视化单一指标或度量值的图表类型，通常用于显示一个值与一个目标值或阈值的关系，如图 6-40 所示。仪表板通常以类似汽车仪表盘的方式展示，以便用户能够直观地了解数据的状态或性能。

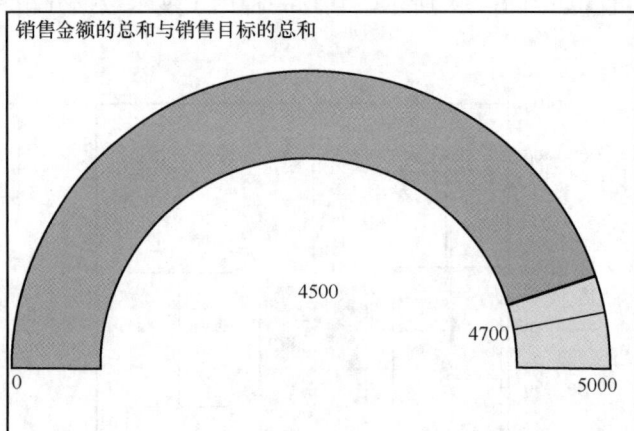

图 6-40　仪表板

仪表板适用于多种数据可视化场景，包括销售目标与实际销售额的比较、项目进度追踪、KPI 监测、质量控制等。仪表板在数据驱动的决策制定中起到关键作用，因为它可以提供及时的数据反馈，帮助用户迅速了解业务或绩效状况。

2．KPI

KPI 是一种用于可视化和报告关键绩效的具体指标值或数据的图表类型，如图 6-41 所示。KPI 图表通常被用在仪表板或报告中，以呈现特定 KPI 的当前状态，以及直观地与目标值进行比较。

KPI 图表通常由以下元素组成。

① 实际值：表示 KPI 的当前实际数值。这通常是根据实际业务数据或测量结果确定的。

② 目标值：表示 KPI 的目标或期望值。这是组织或企业等设定的目标，通常用于衡量决策成功与否。

③ 趋势图或指示器：以可视化方式表示实际值相对于目标值的差异。趋势图通常显示实际值的趋势，如上升、下降或平稳。它也可以使用颜色编码来表示状态（例如绿色表示良好，红色表示不佳）。

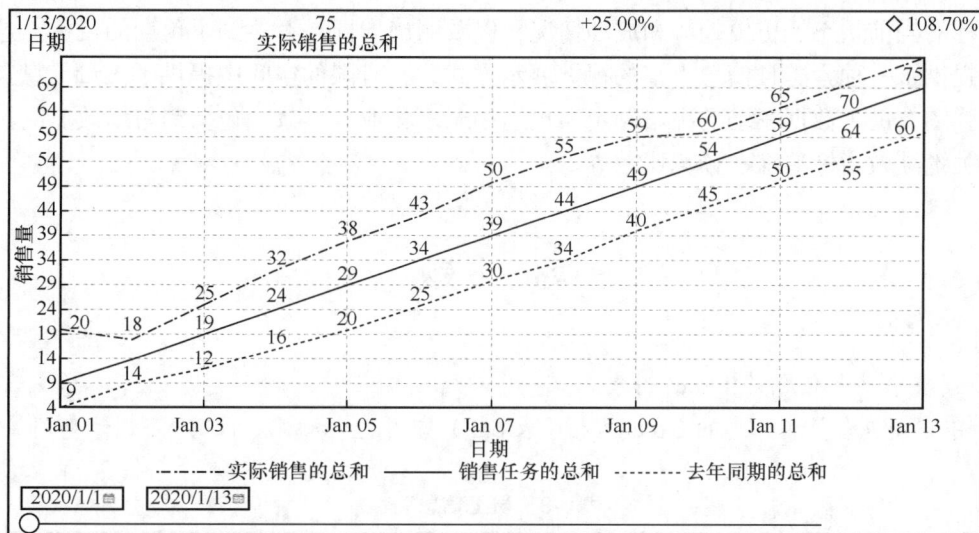

图 6-41　KPI 图表

KPI 图表适用于多种数据可视化场景，包括业务绩效监测、销售目标追踪、客户满意度评估、质量控制等，它们通常在仪表板或报告中用于突出一个或多个关键绩效指标的状态，这样有助于数据驱动的决策制定。

3. 子弹图

子弹图是一种用于可视化和比较多个指标或绩效度量的图表类型，如图 6-42 所示。

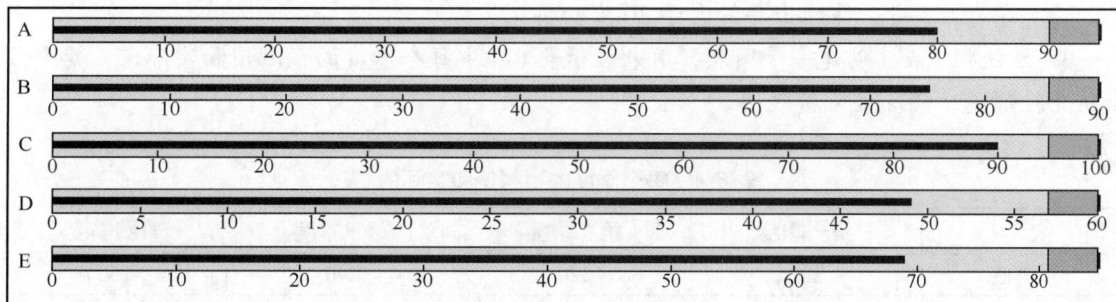

图 6-42　子弹图

子弹图通常包括以下主要元素。

① 当前值线：表示主要指标（通常是实际值）的线条。这是子弹图的核心部分，它表示正在监测的指标的当前状态。

② 目标值线：表示目标值的线条，通常以不同的颜色或标记来区分。这有助于用户判断指标是否达到了预定的目标。

③ 历史平均值线：表示历史平均值的线条，通常以不同的颜色表示。这有助于用户了解指标的历史趋势。

④ 区间线：表示最小值和最大值的区间范围，通常以不同的颜色表示。这有助于用户了解指标值的可变性。

子弹图允许用户同时比较多个指标，包括当前值、目标值和历史平均值，这有助于用户了解指标的当前状态、历史趋势和波动情况，以及明确指标是否达到了预期的目标。这种图表类型提供了一种紧凑且信息丰富的视觉展示方式，在有限的空间中提供了大量信息。

子弹图有助于数据驱动的决策制定，也适用于多种业务场景，包括销售绩效监测、质量控制、关键绩效指标追踪、预算比较等。

习　题

1. 简要表述如何创建 Excel 图表。
2. 以下是包含员工信息的 Excel 表格（表 6-3），其中包括姓名、性别、年龄、部门等信息。

表 6-3　员工信息表

姓名	性别	年龄	部门
林子帆	男	35	财务部
黄丽昆	女	29	销售部
苏姿婷	女	31	财务部
刘洋	男	29	技术部
张冠杰	男	33	质管部

（1）请按照年龄从大到小的顺序对该表进行排序。
（2）在表 6-3 中，筛选出年龄大于 30 岁的员工。

3. 请使用 Excel 创建一个图表，用来展示表 6-4 中每个季度的预测值和实际值，其中预测值为柱形图，实际值为折线图。

表 6-4　每个季度的预测值和实际值

	第一季度	第二季度	第三季度	第四季度
预测值	200	220	240	250
实际值	210	210	245	300

4. Power BI 有哪些方式可以提高 Excel 体验？
5. Power BI 中的数据集、报告和仪表板的区别有哪些？
6. 有一个 Power BI 报表，包括销售额、利润、地区等信息，如表 6-5 所示。现在，需要进一步分析销售趋势，并利用可视化工具来展示分析结果。

表 6-5　Power BI 报表示例

日期	地区	产品类别	销售额（USD）	利润（USD）
2023-01-01	北美	电子产品	5000	1500
2023-01-01	欧洲	家具	3000	900
2023-01-02	亚洲	服装	7000	2100
2023-01-02	北美	家具	4000	1200

续表

日期	地区	产品类别	销售额（USD）	利润（USD）
2023-01-03	欧洲	电子产品	6000	1800
2023-01-03	亚洲	电子产品	5500	1650
……	……	……	……	……

（1）创建趋势图，用于显示过去 12 个月每月的销售额。同时，为了更清晰地展示趋势，使用滚动时间轴或其他方法使用户能够动态选择显示的时间范围。

（2）在同一页面上，创建柱形图，用于比较不同地区的销售额。同时，柱形图应该按销售额的降序排列，以便用户可以快速识别哪些地区的销售额最高。

（3）为了增强用户体验和分析的灵活性，添加一个筛选器，使用户能根据产品类别来过滤数据。

第7章 使用 Matplotlib 进行数据可视化

7.1 Matplotlib 数据可视化概览

　　Matplotlib 是一个功能强大的数据可视化工具，它为我们提供了丰富的绘图选项，包括折线图、柱形图、散点图、饼图等。通过使用 Matplotlib，我们可以将数据转化为可视化图表，以更直观地理解数据和展示结果。这样的可视化过程能够生动地呈现数据之间的模式和规律，使我们更有效地传达分析结果。

7.1.1 Matplotlib 的安装

　　下面分别介绍在 Windows、Linux、macOS 这 3 种操作系统中如何安装 Matplotlib。

1. 在 Windows 操作系统中安装 Matplotlib

　　输入以下命令进行安装。

```
python -m pip install matplotlib
```

2. 在 Linux 操作系统中安装 Matplotlib

　　① 本书示例使用 CentOS 7，Python 3 版本，使用以下命令即可安装 Matplotlib。

```
$ sudo yum install python3-matplotlib
```

　　② 如果使用的是 CentOS 7 中自带的 Python 2，则需要执行以下命令来安装 Matplotlib。

```
$ sudo yum install python-matplotlib
```

　　③ 如果在计算机中已经安装了较新的 Python 版本，但需要安装 Matplotlib 依赖的一些库，则可以输入以下命令进行安装。

```
$ sudo yum install python3.7-dev python3.7-tk tk-dev
$ sudo yum install libfreetype6-dev g ++
```

　　安装好以上 Matplotlib 依赖库后，再使用 pip 命令来安装 Matplotlib。

```
$ pip install --user matplotlib
```

3. 在 macOS 操作系统中安装 Matplotlib

　　在 macOS 操作系统中，标准的 Python 安装包含了 Matplotlib 库。要确认是否已经安装 Matplotlib，可以打开终端并尝试导入 Matplotlib，如果没有遇到错误，则说明 Matplotlib 已经预装在系统中。如果系统中没有预安装的 Matplotlib，可以通过以下命令来进行安装。

```
$ pip install --user matplotlib
```

如果该命令不能正常执行，可以删除"--user"代码。

7.1.2　使用 Matplotlib 绘图

在开始绘图之前，我们先来了解一下 Matplotlib 的组织结构。Matplotlib 的绘图过程可以看作是在一张画布上进行的，这张画布就是一个"Figure 实例"，它代表整个图形。所有的图形、图案都是在这张画布上绘制的。在画布上，我们有一个名为"Axes 实例"的图形区域，它是用于绘制 2D 图像的实际区域。"Axes 实例"包含 Matplotlib 的大多数组成元素和属性，如坐标轴、图表标题、刻度标签和刻度等。

Pyplot 是 Matplotlib 的子库，它提供了类似于 MATLAB 的绘图 API。Pyplot 是被广泛使用的绘图模块，使用户能够方便地绘制二维图表。它提供了简单易用的函数和方法，可以快速生成各种图表，包括线图、散点图、柱形图等。下面以 Pyplot 模块中的 plot()函数为例，介绍绘图的基本步骤。

1. 导入第三方库

导入第三方库绘图模块 Pyplot。Pyplot 绘图模块是一个函数集合，它可以让 Matplotlib 像 MATLAB 一样工作。下面是导入 Pyplot 模块的代码示例。

```
import matplotlib.pyplot as plt
```

2. 准备数据

在准备绘图要使用的数据时，一般会使用两种常见的数据格式：CSV 文件和 JSON 文件。在学习中，我们可以直接使用列表数据，也可以用自定义的 NumPy 数据或 pandas 数据。下面的代码展示了如何准备基本数据。

```
x = [19, 20, 21,22]
y = [5, 28, 10, 2]
```

3. 创建图形

使用 plt.figure()函数创建一个新的图形对象，我们可以指定图形的大小、标题等属性。下面的代码展示了如何创建图形对象和图形标题。

```
plt.figure(figsize = (10, 8))
plt.title('班级年龄比例')
```

4. 绘制图表

准备好数据后即可开始绘制所需的图形。我们可以使用 pyplot.plot()函数绘制折线图，使用 pyplot.bar()函数绘制柱形图。例如使用 bar()函数绘制出一幅柱形图，我们需要做的仅仅是将 x 与 y 的值传递给 plot()函数。如果 x 和 y 中的元素一一对应，则它们共同构成了将要绘制的点集的坐标。如果 x 和 y 中的元素个数不一致，将会导致错误。下面的代码表示绘制柱形图。

```
plt.bar(x,y)
```

5. 自定义样式

绘制基本图形后，我们可以进行一系列调整和美化，例如添加轴标签，设置图例，调整坐标轴范围，也可以进一步自定义图表的样式、线型、颜色和其他属性。下面的代码对图表属性进行定义。

```
#绘制时，设置柱形图颜色
plt.bar(x,y,color = 'green')
#添加轴标签和标题
plt.xlabel('年龄')
plt.ylabel('人数')
#显示中文标签 字体为 SimHei
plt.rcParams['font.sans-serif'] = ['SimHei']
#用于正常显示负号
plt.rcParams['axes.unicode_minus'] = False
```

6. 展示结果

自定义样式后，使用 plt.show( )函数展示绘制的图形。

```
plt.show()
```

这样，我们就可以展示绘制的图形，如图 7-1 所示。

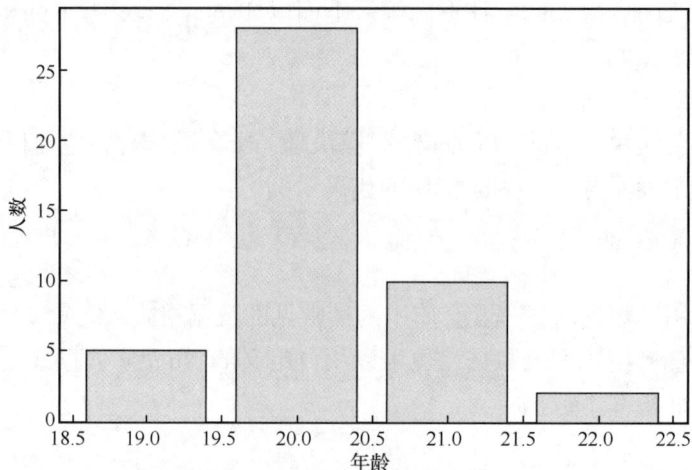

图 7-1　示例直方图

7.2　Matplotlib 的基本图形元素

Matplotlib 是一款功能强大的绘图库，它提供了多种基本图形元素，用于创建高质量的数据可视化图表。下面是 Matplotlib 的一些基本图形元素的详细描述。

7.2.1　数据表达

Matplotlib 的基本图形元素通过数据表达方式来确定图形的位置和形状，常用的数据结构包括 NumPy 数组、Python 列表和 pandas 数据结构。数据表达可以是一维、二维或多维的，这具体取决于所绘制数据的维度。下面介绍几种常见的数据表达方式。

1.　一维数据表达

绘制简单的线条图或柱形图时，通常使用一维数据表达。一维数据可以是 Python 列表、NumPy 数组或 pandas Series 对象。例如以下代码，绘制折线图时，我们使用 NumPy 生成数据来表示 x 轴的值，利用 x 轴的值生成对应 sin 值来表示 y 轴的值。

```
#导入必要的库
import matplotlib.pyplot as plt
import numpy as np
#生成一维数据
x = np.arange(0, 10, 0.1)
y = np.sin(x)
#绘制折线图
plt.plot(x, y)
#显示图形
plt.show()
```

2.　二维数据表达

用于绘制散点图、等高线图等的二维数据表达方式有多种选择。二维数据可以使用 NumPy 数组、嵌套列表或 pandas DataFrame 对象表示。在散点图中，每个数据点由 x 和 y 轴坐标组成，通常使用二维数组或 DataFrame 来表示。例如以下代码展示了如何使用 DataFrame 数据绘制散点图。

```
#导入必要的库
import matplotlib.pyplot as plt
import pandas as pd
import numpy as np
#生成二维数据
data = pd.DataFrame({"id":[0,1,2,3,4,5,6,7,8,9],"age":[18,19,29,20,20,21,21,20,18,21]})
colors = np.random.rand(10)
sizes = 100 * np.random.rand(10)
#绘制散点图
plt.scatter(data['id'], data['age'], c = colors, s = sizes)
#显示图形
plt.show()
```

3.　三维数据表达

需要绘制三维图形（例如三维散点图、三维曲面图等）时，我们通常使用三维数据表达方式。三维数据可以使用 NumPy 的三维数组表示，也可以通过使用包含 x、y、z 这 3 个一维数组的元组来表示。这些数据表达方式允许我们在三维空间中定义和表示数据点的位置和属性。例如，以下代码是一个绘制三维曲面图的例子。

```
#导入必要的库
import matplotlib.pyplot as plt
import numpy as np
#生成三维数据
x = np.arange(-5, 5, 0.1)
y = np.arange(-5, 5, 0.1)
#生成x、y轴对应坐标网格
```

```
X, Y = np.meshgrid(x, y)
Z = np.sin(np.sqrt(X**2 + Y**2))
#创建一个图像对象
fig = plt.figure()
#添加一个网格
ax = fig.add_subplot(111, projection = '3d')
#绘制 3D 曲面图
ax.plot_surface(X, Y, Z)
#显示图形
plt.show()
```

7.2.2　图形标签和文本

Matplotlib 提供了多种功能，用于添加图形标签和文本以提升图表的可读性。这些功能包括轴标签、标题、图例、刻度标签和图表注释等，下面进行详细介绍。

1. 轴标签

设置轴标签一般使用 xlabel()和 ylabel()两个函数。xlabel()和 ylabel()函数的原型分别为 xlabel(xlabel, fontdict, labelpad, loc, **kwargs)和 ylabel(ylabel, fontdict, labelpad, loc, **kwargs)，两个函数的核心参数如下。

① xlabel、ylabel：指定的字符串，为横纵坐标的文本内容。

② loc：指定标签位置，可选值为{'left', 'right', 'bottom', 'center', 'top'}，分别表示位于左边、右边、底部、居中、顶部，默认为居中。

③ **kwargs：传入一系列的 text（文本）属性参数来控制标签文本的外观，例如 alpha（透明度）、color（颜色）等属性。

下面的代码展示了如何使用 xlabel()函数来设置 x 轴标签属性。

```
import matplotlib.pyplot as plt
plt.plot([1, 2, 3, 4], [1, 4, 2, 3], label = 'data')
#设置 x 轴标签为 X，位于右方，颜色为绿色
plt.xlabel('X', loc = 'right', color = 'green')
```

2. 标题

添加标题可以使用 title()函数，其核心参数如下。

① label：指定的字符串，为标题的文本内容。

② fontdict：控制标题文本外观的字典，可以指定字体大小和字体颜色等一系列文本风格。

③ loc：指定标题位置，可选值为{'left', 'right', 'center'}，分别表示位于左边、右边、居中，默认为居中。

下面的代码展示了如何使用 title()函数设置图形标题属性。

```
#设置图形标题为 table，默认居中，颜色为蓝色，大小 20
plt.title('table',fontdict = {'color':'blue', 'size':20})
```

3. 图例

图例一般使用 legend()函数，其函数原型为 legend(*args, **kwargs)，核心参数（都在 **kwargs 中）如下。

① handles：指定标示对象。

② labels：指定标示内容。

③ loc：指定图例的位置。

④ facecolor：图例的背景颜色，默认为白色。

⑤ edgecolor：图例的边框颜色，默认为黑色。

⑥ fontsize：图例的字体大小。

下面的代码展示了如何使用 legend( )函数设置图例形式。

```
#获取 handles 和 labels
handles, labels = plt.gca().get_legend_handles_labels()
#设置图例在左上，背景颜色为红色
plt.legend(handles, labels, loc = 'upper left', facecolor = 'red')
```

4. 刻度标签

xticks( )函数和 yticks( )函数是用于设置刻度位置和标签的函数，这些函数原型分别为 xticks(ticks, labels, **kwargs)和 yticks(ticks, labels, **kwargs)。这些函数的核心参数如下。

① ticks：传入数组等类似变量，可选。该参数是轴线上每个刻度位置的列表，如果传入一个空列表，则会移除该坐标轴刻度。

② labels：传入数组等类似变量，可选。该参数用于指定与 ticks 标签位置对应的文本，要求两个数组必须一一对应，否则会报错。

③ **kwargs：传入一系列的 text 属性参数来控制标签文本的外观，例如 alpha、color 等属性。

对于刻度线的位置、大小、长度等样式，通常使用 tick_params( )函数，该函数的原型为 tick_params(axis = 'both', **kwargs)，常用的参数如下。

① axis：作用于哪个轴，可选值为 x、y、both（默认）。

② which：作用于哪个刻度线，可选值为 major（主要刻度线，默认）、minor（次要刻度线）、both（主要和次要刻度线）。

③ reset：指定更新设置之前是否将刻度重置为默认情况，默认为 False。

④ direction：指定刻度线在轴域内的位置，可选值为 in（里面）、out（外面）、inout（里面 + 外面）。

⑤ length：指定刻度线的长度。

⑥ width：指定刻度线的宽度。

⑦ color：指定刻度线的颜色。

x、y 轴的刻度范围设置一般使用 xlim( )和 ylim( )两个函数。它们的原型分别为 xlim(*args, **kwargs)和 ylim(*args, **kwargs)，核心参数如下。

① left：刻度范围的最小值。

② right：刻度范围的最大值。

下面的代码设置刻度的文本和范围。

```
#指定 x 轴刻度标签位置对应的文本
ticks = [1, 2, 3, 4, 5]
labels = ['A', 'B', 'C', 'D', 'E']
```

```
plt.xticks(ticks, labels)
#设置 y 轴刻度范围为（1，5）
plt.ylim(1,5)
```

5．图表注释

在绘图过程中，添加注释可以帮助观察者迅速理解图形的关键信息。这些注释可以提供一些重要的图形相关信息，比如描绘的是哪个函数，图形的最高点和最低点所代表的数值等。常用的绘制注释函数有 annotate( )函数和 text( )函数，annotate( )函数用于添加指向型注释文本，其原型为 annotate(text, xy, *args, **kwargs)函数，核心参数如下。

① text：注释的文本内容。

② xy：(float,float)形式，指定箭头所指向的点的坐标。

③ xytext：(float,float)形式，指定注释文本内容的坐标。

④ arrowprops：指示被注释内容的箭头的属性字典。

⑤ **kwargs：传入一系列的 text 属性参数来控制标签文本的外观，例如 alpha、color 等属性。

text( )函数用于无指向型注释文本，其原型为 text(x, y, s, fontdict, **kwargs)，函数核心参数如下。

① x,y：用于指定文本的横纵坐标。

② s：用于指定文本的内容。

③ fontdict：控制注释文本外观的字典。

④ **kwargs：传入一系列的 text 属性参数来控制标签文本的外观，例如 alpha、color 等属性。

下面的代码展示了如何在图形里添加不同的批注。

```
#指向型标注顶点位置，箭头坐标（2，4），文本坐标（3，4），箭头样式"->"、蓝色
plt.annotate('top', xy = (2,4), xytext = (3,4),
arrowprops = dict(arrowstyle = '->', color = 'blue'), size = 10)
#标注无指向内容，文本坐标（3，2），蓝色
plt.text(3, 2, "text", color = "blue", fontsize = 20, )
```

7.2.3　图形格式和基本样式

Matplotlib 提供了丰富的选项来调整绘图的格式和样式。我们可以使用函数和方法设置图形的颜色、线型、线宽和标记样式等，还可以通过设置边界框、背景色、网格线等元素来增强图表的可视化效果。下面将对常用图形格式和基本样式设置函数进行介绍和说明。

1．图形的颜色、线条格式、线宽和标记样式

在使用函数绘制图形时，函数一般包含**kwargs 参数，我们可以传入一系列参数定义图形格式和基本样式。例如绘制折线图的 plot( )函数，核心参数如下。

① color：指定图形颜色。

② linestyle：指定线条格式。实线：'-'. 虚线：'--'. 点划线：'-.'. 点线：':'.

③ linewidth：指定线条的宽度。

④ marker：指定元素点标记样式。点（圆形）：'.'。像素点（方形）：','。圆形点：'o'。不同三角形：'^'，'v'，'<'，'>'。十字形点：'+'，叉形点：'x'。

下面的代码展示了如何设置图形格式和基本样式。

```python
import matplotlib.pyplot as plt
x = [1, 2, 3, 4]
y = [1, 4, 9, 16]
#指定标注线宽、线条、标记、颜色
plt.plot(x, y, linewidth = 2, linestyle = '-.', marker = 'o', color = 'g')
plt.show()
```

2．文本样式和字体

在进行文本解释时，所使用的 text( )函数等绘图函数通常包含**kwargs 参数，其中包含了许多用于文本样式和布局的参数。常用核心参数如下。

① color：指定文本的颜色。

② fontsize：指定文本的字体大小。

③ fontweight：指定文本的字体粗细。

④ fontstyle：指定文本的字体样式，如斜体。例如，"normal" 表示正常字体样式，"italic" 表示斜体字体样式。

⑤ fontfamily：指定文本的字体系列。例如，"SimSun" 表示宋体，"serif" 表示 Times New Roman，"cursive" 表示手写风格字体。

⑥ rotation：指定文本的旋转角度。

⑦ bbox：设置文本背景框的样式，是一个字典。

⑧ alpha：指定文本的透明度。

⑨ zorder：指定文本的绘制顺序，值越大表示绘制层次越靠上。

下面的代码展示了如何设置图形文本的样式。

```python
#设置文本注释
plt.text(2, 10, 'Text Example',
        fontsize = 12, fontweight = 'bold',fontstyle = 'italic',
        color = 'blue', rotation = 30, fontfamily = 'SimSun',
        bbox = {'facecolor': 'yellow', 'alpha': 0.5},
        alpha = 0.8, zorder = 2)
```

3．网格线和参考线

在绘图过程中，为了提供方便的视觉参考，需要使用参考线和网格进行辅助，以帮助用户更好地理解图表中的数据趋势、比较数值大小以及进行精确的数据读取。绘制网格线一般使用 grid( )函数，而绘制参考线一般使用 axhline( )和 axvline( )两个函数。

grid( )函数原型为 grid(b, which, axis, **kwargs)，核心参数如下。

① b：bool 型值或 None，指定是否展现网格。

② which：指定想要修改的网格线。'major'：显示主刻度网格线，'minor'：显示次刻度网格线，'both'：同时显示主刻度和次刻度网格线。

③ axis：用于指定更改哪条坐标轴。'x'：绘制 x 轴的网格线，'y'：绘制 y 轴的网格线，'both'：

同时绘制 x 轴和 y 轴的网格线。

④ **kwargs：用于指定网格线条的特性，如 color、linestyle（线型）、linewidth（线宽）、alpha 等属性。

下面的代码展示了如何定义网格线样式。

```
import matplotlib.pyplot as plt
x = [1, 2, 3, 4]
y = [1, 4, 9, 16]
plt.plot(x, y)
plt.xlabel('X')
plt.ylabel('Y')
#自定义网格线外观
plt.grid(True, which = 'major', axis = 'both', color = 'gray',
        linestyle = '--', linewidth = 0.5, alpha = 0.6)
```

axhline( )函数和 axvline( )函数原型分别为 axhline(y, xmin, xmax, **kwargs)和 axvline(x, ymin, ymax, **kwargs)。下面以 axhline( )函数为例，其核心参数如下。

① y：水平线的 y 轴坐标位置。

② xmin、xmax：指定水平线的 x 轴坐标范围，可选。

③ **kwargs：其他关键字参数，用于进一步控制线条外观，可选，如 color、linestyle、linewidth 等。

下面的代码展示了如何设置水平参考线及属性。

```
#创建水平参考线
plt.axhline(y = 0, color = 'r',linestyle = '--', linewidth = 2)
```

7.3 典型图形绘制

本节使用一系列绘图函数来介绍经典且常用的图形的绘制方法，包括折线图、散点图、柱形图、饼图、直方图以及箱形图。

7.3.1 折线图

在前面关于 Matplotlib 基本绘图步骤的讲解中，我们已经了解到如何绘制折线图，接下来将详细介绍用于绘制折线图的 plot( )函数。折线图通过连接数据点的线条形式，有效地展示数据的趋势和变化，用于可视化数据的变化规律和比较不同组数据的差异。例如在趋势分析中，它可以用来展示销售趋势、人口增长趋势，随着时间或条件改变的数据等。

绘制折线图一般使用 plot( )函数。plot( )函数的原型为 plot(x,y,format_string, **kwargs)。其核心参数如下。

① x：x 轴数据，可以是列表或函数，可选。

② y：y 轴数据，可以是列表或函数，参数中必选。

③ format_string：指定线条的颜色和样式，通常使用字符串来描述，可选。这是一种快

速设置样式的方法, 接收的是每个属性的单个字母缩写。例如 "b--" 表示蓝色、虚线, "go-"
表示绿色、圆圈标记、实线。

④ **kwargs: 一系列可选关键字参数, 可以在里面指定很多内容, 例如 "label" 指定线
条的标签, "marker" 指定数据点的标记样式, "color" 指定线条的颜色等。

下面是一个温度随着月份变化的示例代码, 图形绘制结果如图 7-2 所示。

```
import matplotlib.pyplot as plt
#准备数据
months = ["一月", "二月", "三月", "四月", "五月", "六月", "七月", "八
月", "九月", "十月", "十一月", "十二月"]
temperature = [2, 7, 12, 18, 23, 27, 33, 30, 25, 19, 11, 4]
#绘制折线图
plt.plot(months, temperature, 'bo-', linewidth = 2)
#添加标题和轴标签
plt.title('温度一年变化')
plt.xlabel('月份')
plt.ylabel('温度/℃ ')
#显示中文标签字体为 SimHei
plt.rcParams['font.sans-serif'] = ['SimHei']
#展示图形
plt.show()
```

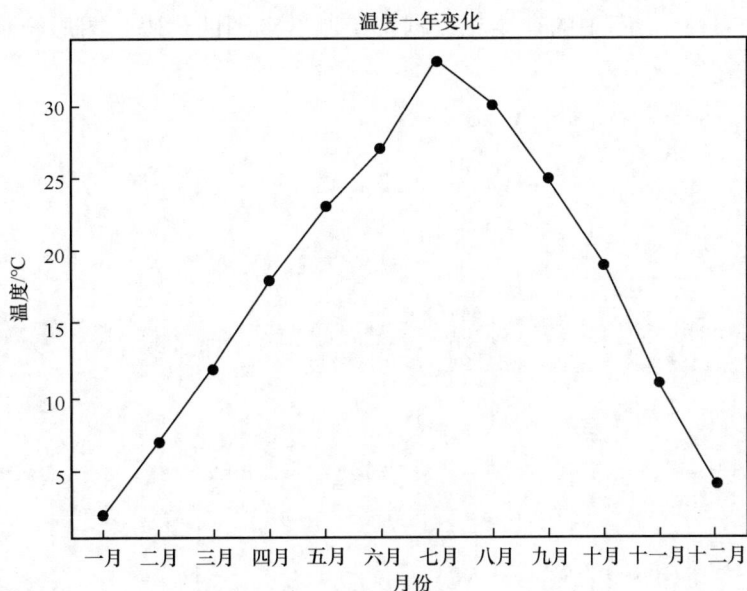

图 7-2 温度随着月份变化折线图

绘制折线图时, format_string = 'bo-', 表示蓝色、圆圈标记、实线连接。

7.3.2 散点图

散点图, 主要用于展示两个不同变量之间的关系。在散点图中, 数据以点的形式呈现,

其中一个变量位于 *x* 轴上，另一个变量位于 *y* 轴上。每个数据点的坐标位置表示了这两个变量的数值，因此散点图可以用于观察和分析它们之间的关联和相互影响。散点图在科学、社会科学、医学、金融、教育、环境科学和市场研究等领域中广泛应用，用于展示和分析变量之间的关系。

绘制散点图一般使用 scatter( ) 函数，scatter( ) 函数的原型为 scatter(x, y, s = None, c = None, marker = None, cmap = None, norm = None,vmin = None, vmax = None, alpha = None, linewidths = None, *,edgecolors = None, plotnonfinite = False, data = None, **kwargs)，其核心参数如下。

① x，y：*x*、*y* 轴上的数据，两个参数共同决定了所绘点的位置。

② s：指定散点的大小，可以是个数组，可选，默认为 20。

③ c：指定散点的颜色或颜色序列，可选，默认是蓝色。

④ marker：标记样式，用于指定点的形状，可选，默认是圆形。

⑤ cmap：指定颜色映射。当 c 为浮点型数组时，cmap 才能使用。

⑥ alpha：指定散点的透明度，可选值为[0（完全透明）～1（完全不透明）]的 alpha 混合值。

⑦ linewidths：指定线条的宽度，默认宽度为 1.5。

⑧ edgecolors：指定散点的边缘颜色，可填写值{'face','none',None}或颜色序列。可选，默认值为 face，值为 None 时不绘制散点的边界。

此参数上面未列出。

下面是采用 sklearn 库中的鸢尾花数据集绘制散点图的代码，图形绘制结果如图 7-3 所示。

```
from sklearn.datasets import load_iris
import pandas as pd
import matplotlib.pyplot as plt
#导入鸢尾花数据
iris = load_iris()
#构造数据框
df = pd.DataFrame(iris.data, columns = iris.feature_names)
#假设将 iris 花萼的长度作为气泡大小和颜色，展示区分度
fea = df['sepal length/cm']
#绘制散点图
plt.scatter(df['petal length/cm'], df['petal width/cm'], s = fea*15, c = fea,
 alpha = 0.5, linewidth = 2)
#设置样式
plt.xlabel('petal length/cm')
plt.ylabel('petal width/cm')
plt.title('鸢尾花花瓣的长度和宽度')
plt.rcParams['font.sans-serif'] = ['SimHei']
#展示散点图
plt.show()
```

在绘制鸢尾花花瓣的长度和宽度对应的散点图时，将花萼的长度*15 作为散点图的大小，花萼的长度作为散点颜色的随机数。

鸢尾花花瓣的长度和宽度

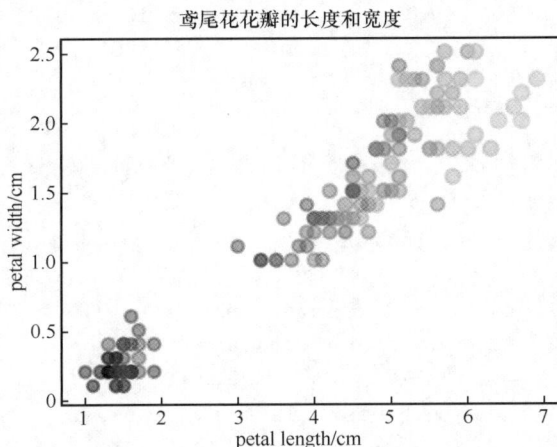

图 7-3　鸢尾花花瓣的长度和宽度散点图

7.3.3　柱形图

柱形图通过垂直或水平的矩形柱表示数据的大小或数量，它能够清晰地比较不同类别或组之间的数据差异，使数据更易于理解和分析。柱形图主要用于定性数据和离散型数据的可视化。

绘制柱形图一般使用 bar( )函数，其原型为 bar(x, height, width = 0.8, bottom = None, *, align = 'center',data = None, **kwargs)，其核心参数如下。

① x：一个标量序列，代表每个柱形图对应的 x 轴坐标。

② height：标量或标量序列，和 x 对应，代表每个柱形对应的高度。

③ width：标量或数组形式序列，代表单个柱形图的宽度，默认值为 0.8。

④ bottom：标量或数组等类似序列，用于设置 y 轴坐标起点，默认值为 0。

⑤ align：可选的两个值为{'center', 'edge'}，用于确定柱形图与 x 轴坐标的对齐方式，默认为 center，即居中对齐。左对齐为 edge，右对齐则需传递负宽度且设置 align = 'edge'。

⑥ **kwarg：其他常用样式参数，如颜色、标记点等。

下面将图 7-2 绘制的温度变化折线图与平均年降水量柱形图结合，绘制组合图，代码如下，生成的图表如图 7-4 所示。

```
import matplotlib.pyplot as plt
#准备数据
months = ["一月", "二月", "三月", "四月", "五月", "六月", "七月", "八月", "九月", "十月", "十一月", "十二月"]
temperature = [2, 7, 12, 18, 23, 27, 33, 30, 25, 19, 11, 4]
average_precipitation = [36, 45, 60, 70, 80, 90, 100, 110, 95, 85, 70, 40]
#创建画布和坐标轴
fig, ax1 = plt.subplots(figsize = (10, 6))
#绘制平均年降水量的柱形图
ax1.bar(months, average_precipitation, color = 'b', alpha = 0.6, label = '平均年降水量/毫米')
ax1.set_xlabel('月份')
ax1.set_ylabel('平均年降水量/毫米', color = 'b')
```

```
ax1.tick_params(axis='y',labelcolor = 'b')
#创建第二个坐标轴
ax2 = ax1.twinx()
#绘制平均温度的折线图
ax2.plot(months, temperature, 'ro-', label = '平均温度/摄氏度')
ax2.set_ylabel('平均温度/摄氏度', color = 'r')
ax2.tick_params(axis='y',labelcolor = 'r')
#获取标示对象和标示内容
lines1, labels1 = ax1.get_legend_handles_labels()
lines2, labels2 = ax2.get_legend_handles_labels()
#设置两个图例
ax2.legend(handles = lines1 + lines2, labels = labels1 + labels2, loc = 'uppe
r right')
#设置标题
plt.title('平均年降水量与平均温度')
#设置字体
plt.rcParams['font.sans-serif'] = ['SimHei']
#展示图形
plt.show()
```

该代码在一张画布上同时使用两个不同的 y 轴，分别绘制平均年降水量的柱形图和平均温度折线图。在绘图过程中，我们使用 pyplot.subplots( )方法来创建 Figure 对象和 Axes 对象。Axes 与前文 pyplot 有所不同，它提供了面向对象的方式来绘制图形。通过使用 Aexs 面向对象方式绘图，我们可以轻松地创建多个子图，以及在子图之间共享轴或设置不同的坐标系，这对于创建复杂的图形布局非常有用。而使用 pyplot 接口绘图通常适用于快速绘制简单的图表，在绘制复杂图表场景下可能不够灵活。

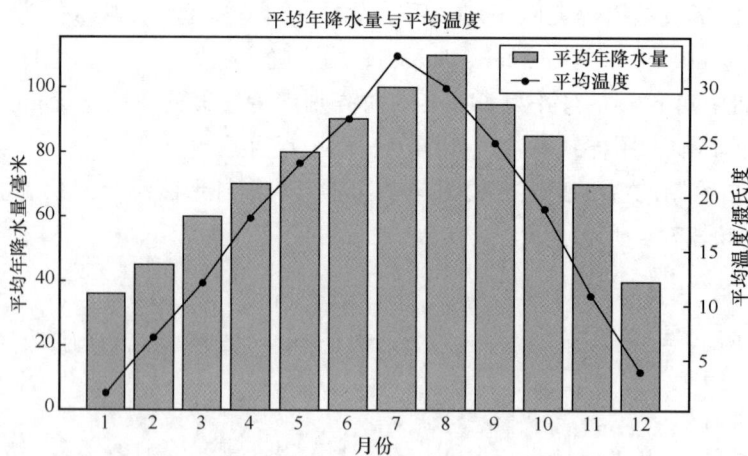

图 7-4　平均年降水量与平均温度图

7.3.4　饼图

饼图是一种广泛应用于数据可视化的图表类型。它以若干个扇形区域来展示数据，每个扇形的大小与每个数据的占比相对应。饼图通常用于分析市场份额、展示人口统计数据及资源分配等场景。

　　绘制饼图常使用 pie( ) 函数，其函数原型为 pie(x, explode = None, labels = None, colors = None, autopct = None, pctdistance = 0.6, shadow = False, labeldistance = 1.1, startangle = 0, radius = 1, counterclock = True, wedgeprops = None, textprops = None, center = (0, 0), frame = False, rotatelabels = False, *, normalize = True, hatch = None, data = None)，其核心参数如下。

　　① x：浮点型数组或列表，用于绘制饼图的数据。

　　② explode：数组，用于设置各个扇形之间的间隔，默认值为 0。

　　③ labels：列表，用于设置各个扇形区域的标签，默认值为 None。

　　④ colors：数组，用于设置各个扇形区域的颜色，默认值为 None。

　　⑤ autopct：用于指定饼图内各个区域百分比显示格式，例如%d%%表示整数百分比、%0.1f%%表示 1 位小数百分比、%0.2f%%表示 2 位小数百分比。

　　⑥ shadow：布尔值，用于设置饼图的阴影，默认值为 False。

　　⑦ startangle：用于指定饼图的起始角度，默认从 x 轴正方向逆时针画起。

　　⑧ wedgeprops：字典，用于指定扇形的属性，例如边框线颜色、边框线宽度等，默认值为 None。

　　⑨ textprops：字典，用于指定文本标签的属性，例如字体大小、字体颜色等，默认值为 None。

　　⑩ center：浮点型的列表，用于指定饼图的中心位置，默认值为(0,0)。

　　⑪ frame：布尔值，用于指定是否绘制饼图的边框，默认值为 False。

　　⑫ rotatelabels：布尔值，用于指定是否旋转文本标签，默认值为 False。

　　下面以绘制国家各项税收饼图为例，数据来源于国家统计局，示例数据截图如图 7-5 所示，绘制图形如图 7-6 所示。

指标	2022年	2021年	2020年	2019年	2018年	2017年	2016年
各项税收(亿元)	166613.96	172735.67	154312.29	158000.46	156402.86	144369.87	130360.73
国内增值税(亿元)	48716.83	63519.59	56791.24	62347.36	61530.77	56378.18	40712.08
营业税(亿元)							11501.88
国内消费税(亿元)	16698.81	13880.70	12028.10	12564.44	10631.75	10225.09	10217.23
关税(亿元)	2860.29	2806.14	2564.25	2889.13	2847.78	2997.85	2603.75
❶ 个人所得税(亿元)	14922.81	13992.68	11568.26	10388.53	13871.97	11966.37	10088.98
❶ 企业所得税(亿元)	43690.36	42042.38	36425.81	37303.77	35323.71	32117.29	28851.36

图 7-5　各项税收数据示例

```
import matplotlib.pyplot as plt
import pandas as pd
#加载数据
tax_data = pd.read_csv('D:\\xiazai\\年度数据.csv', encoding = 'gbk', index_col = 0)
#提取 2016 年税收数据
data = tax_data['2016年']
#删除总税收额
```

```
data.drop('各项税收/亿元',inplace = True)
#计算其他税收额
data['其他税/亿元'] = tax_data['2016年'].iloc[0] - tax_data['2016年'].iloc[1:].sum()
#突出显示国内消费税/亿元
explode1 = [0.1 if i == '国内增值税/亿元 ' else 0 for i in data.index]
#画图
plt.pie(x = data.values, explode = explode1, labels = data.index, autopct = '
%0.1f%%', shadow = True, startangle = 40, wedgeprops = {'linewidth':3} ,textp
rops = {'size':10})
#显示中文标签
plt.rcParams['font.sans-serif'] = ['SimHei']
#设置标题
plt.title("2016年各项税收占比")
plt.show()
```

该代码中首先使用 pandas 库读取名为"年度数据"的 CSV 文件，然后读取 2016 年税收数据，在绘制饼图时，代码对以下属性进行了设置：扇形的突出度、显示的比例百分比、阴影效果、画图起始角度、边框大小以及文本标签大小。

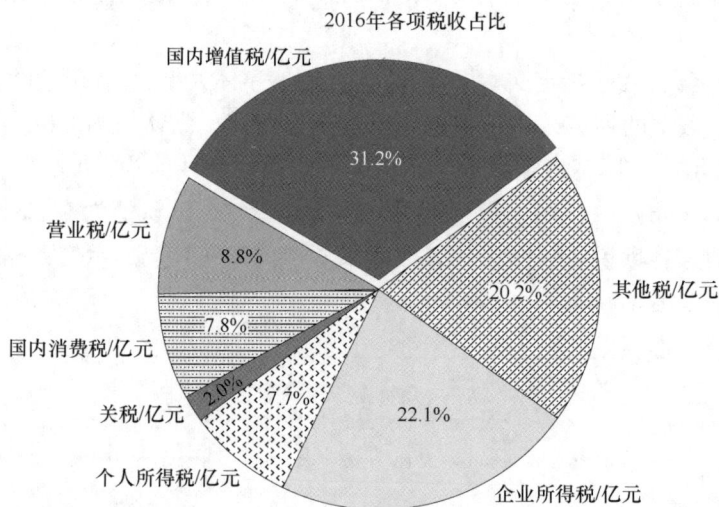

图 7-6 2016 年各项税收占比饼图

7.3.5 直方图

直方图是一种用于可视化连续型数据分布的图形表示方式，它将数据按照一定的区间划分，并在垂直的条形上展示各个区间的频次或概率密度，每个长条形的宽度为组距，长条形的高度表示频数。直方图能够清晰地展现数据的分布形状、中心位置和分散程度，便于人们确定数据的统计特性。因此它被广泛应用于统计分析、质量控制、市场调研以及自然科学等多个领域。

与柱形图不同，直方图适用于表示连续数据的分布情况，其横轴表示数据的取值范围，各区间通常是连续的，而柱形图一般用于描述名称（类别）数据或顺序数据。

绘制直方图一般使用 hist( ) 函数，其函数原型为 hist(x, bins = None, range = None, density = False, weights = None, cumulative = False, bottom = None, histtype = 'bar', align = 'mid', orientation = 'vertical',rwidth = None, log = False, color = None, label = None, stacked = False, *, data = None, **kwargs)。常用参数如下。

① x：一维数组或列表，表示要绘制的定量数据。

② bins：整数值或序列或字符串，可选，用于指定直方图的长条形数量。默认值为 10。

③ range：二元组或列表，可选，用于指定直方图的值域范围。默认为 None。

④ histtype：可选，用于指定直方图的类型，可选值有'bar'、'barstacked'、'step'、'stepfilled'。默认为'bar'。其中'bar'表示传统的条形直方图，'barstacked'表示多条数据相互叠加，'step'表示生成未填充的线图，'stepfilled'表示生成已填充的线图。

⑤ align：可选，用于指定直方图的对齐方式，可选值有'left'、'mid'、'right'。默认为'mid'。'left'表示直方图在 bin 最左边边缘居中，'mid'表示直方图在 bin 左右边缘之间居中，'right'表示直方图在 bin 最右边边缘居中。

⑥ orientation：可选，用于指定直方图的方向，可选值有'vertical'、'horizontal'。默认为'vertical'。'horizontal'表示直方图以 y 轴为基线水平排列。

⑦ rwidth：数值，可选，用于指定每个箱子宽度占 bin 宽度的比例。默认为 None（无缝隙）。

⑧ color：具体颜色或颜色数组，可选，用于指定长条形的颜色。默认为 None。

⑨ label：字符串或字符串序列，可选，用于指定标签标注。默认为 None。

⑩ stacked：布尔值，可选，用于指定是否堆叠不同的直方图。默认为 False。

下面是模拟小学六年级学生数学成绩直方图代码示例，图形绘制结果如图 7-7 所示。

```
import math
import matplotlib.pyplot as plt
import numpy as np
#生成数据
data = np.random.normal(76, 20, 200)
#数据保留两位小数
data = np.around(data, 2)
#极差
r = np.amax(data) - np.amin(data)
#组数
k = math.ceil(math.sqrt(200))
#组距
d = math.ceil(r/k)
#最小下界
p = np.amin(data) - 1/2
#设置划分区间
bins = [p + i*d for i in range(k + 1)]
bins = np.around(bins, 2)
#设置样式
plt.xlabel("数学分数")
plt.ylabel("学生人数")
plt.title("学生数学分数统计")
```

```
plt.legend()
plt.rcParams['font.sans-serif'] = ['Microsoft YaHei']
#绘制直方图
plt.hist(x = data, bins = bins, rwidth = 1, alpha = 0.6, edgecolor = 'black',
 color = 'blue', label = '六年级')
#展示
plt.show()
```

在上面的示例中，我们使用 numpy.random.normal( )函数生成服从正态分布的 200 条学生数学分数数据，组数通过取数据量的平方根并向上取整来确定，组距为极差除以组数；绘图时设置 rwidth = 1，表示长条宽与 bin 比值为 1:1（无缝隙）。其中 math.ceil( )函数用于将小数向上取整，numpy.around(bins, 2)函数用于将 bins 中数据保留两位小数，numpy.amax( )函数和 numpy.amin( )函数表示获取序列的最大值和最小值。

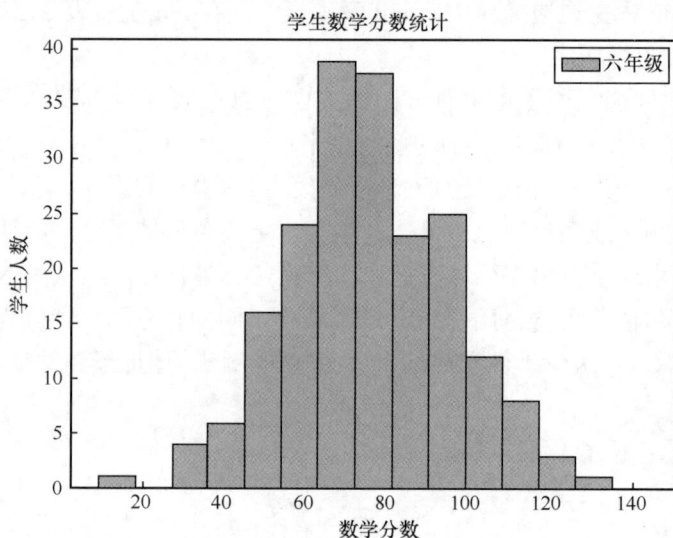

图 7-7　学生数学分数直方图

7.3.6　箱形图

箱形图旨在以图形方式展示数据的中位数、四分位数、离群值和数据分布范围。它提供了 5 个关键统计指标：最小值、第一四分位数、中位数、第三四分位数、最大值，用于识别离群值。箱形图适用于各种数据类型，并为数据探索提供了有力支持。凭借简明而高效的表达方式，箱形图被广泛应用于多个领域，其中在品质管理领域尤为常见。它有助于直观理解数据分布和提供有效数据的摘要，是数据分析和决策的重要工具。

绘制箱形图一般使用 boxplot( )函数，该函数原型参数繁多，以下是一些常用参数。

① x：一个或多个数据数组或 DataFrame，用于指定绘制箱形图的数据集。

② notch：布尔值，用于指定是否以凹口的形式展现箱形图，默认为 False。

③ vert：布尔值，用于控制箱形图的方向。True 表示垂直展示，False 表示水平展示。默认为 True。

④ sym：用于指定异常值形状。默认用圆圈显示。

⑤ widths：一个标量值或数组，用于指定箱体的宽度。默认为 0.5。

⑥ patch_artist：布尔值，用于是否单独控制箱体、须等元素，默认为 False。

⑦ meanline：布尔值，用于指定是否用线表示均值，默认为 False。

⑧ showmeans：布尔值，用于指定是否显示均值点，默认为 False。

⑨ meanprops：用于设置均值点的属性，如颜色、标记类型等。

⑩ boxprops：用于设置箱体的属性，如边框、填充色等。

下面是根据随机生产数据来绘制箱形图的代码示例，图形绘制结果如图 7-8 所示。

```python
import matplotlib.pyplot as plt
import numpy as np
#设置随机种子
np.random.seed(20231219)
#准备多组数据
data1 = np.random.normal(92, 10, 300)
data2 = np.random.normal(70, 20, 300)
data3 = np.random.normal(84, 30, 400)
#绘制箱形图
plt.boxplot([data1, data2, data3], labels = ['数据 1', '数据 2', '数据 3'],
patch_artist = True, sym = '+', notch = True, showmeans = True, meanline =
True, boxprops = {'color': 'blue'})
#设置图标题和标签
plt.title('箱形图示例')
#设置中文显示
plt.rcParams['font.sans-serif'] = ['SimHei']
#显示箱形图
plt.show()
```

该代码中随机生成 3 份数据用于绘制箱形图，绘制时通过设置 showmeans 和 meanline 参数来突出显示均值，同时，使用 sym 参数以 "+" 符号来标识异常值。

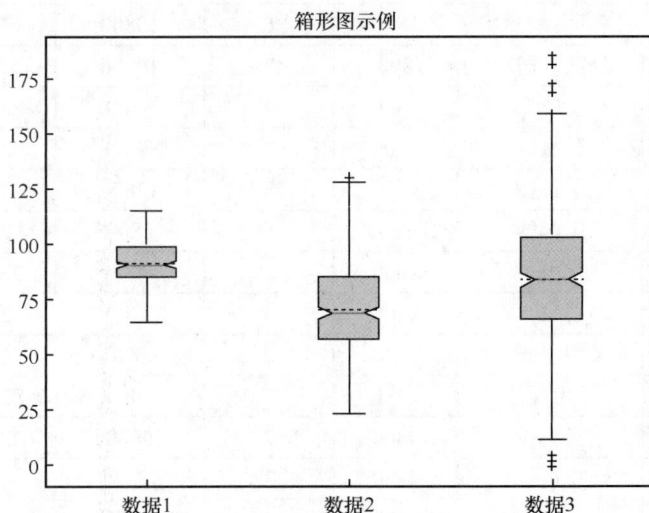

图 7-8　箱形图示例

习　题

本习题使用 Matplotlib 库来分析和可视化一家公司的采购数据。数据集是一份采购数据清单，包含各种产品的名称、型号、生产厂商、单价、采购数量、总价及订购日期。示例数据如表 7-1 所示。

表 7-1　某公司的采购数据清单

名称	型号	生产厂商	单价	采购数量	总价	订购日期
投影仪	TYJ001	电子技术厂	3250	2	6500	2023 年 10 月 3 日
办公桌	BGZ001	办公家具厂	750	10	7500	2023 年 10 月 5 日
投影仪	TYJ002	现代电子厂	4150	3	12450	2023 年 10 月 7 日
文件柜	WJG001	高品质家具厂	950	5	4750	2023 年 10 月 11 日
电脑桌	DNZ001	办公家具厂	1350	7	9450	2023 年 10 月 15 日
办公椅	BGY001	舒适家居厂	850	15	12750	2023 年 10 月 19 日
办公桌	BGZ002	高品质家具厂	1250	6	7500	2023 年 10 月 23 日
计算机	DN001	科技电脑厂	4550	4	18200	2023 年 10 月 27 日
打印机	DYJ001	办公电器厂	2350	2	4700	2023 年 11 月 2 日
办公椅	BGY002	办公家具厂	950	12	11400	2023 年 11 月 5 日
电脑桌	DNZ002	高品质家具厂	1500	4	6000	2023 年 11 月 8 日
投影仪	TYJ003	电子技术厂	3650	1	3650	2023 年 11 月 11 日
文件柜	WJG002	办公家具厂	1200	3	3600	2023 年 11 月 15 日
计算机	DN002	科技电脑厂	4850	5	24250	2023 年 11 月 19 日
打印机	DYJ002	办公电器厂	2550	3	7650	2023 年 11 月 23 日
投影仪	TYJ004	现代电子厂	3950	2	7900	2023 年 11 月 27 日
办公桌	BGZ003	高品质家具厂	1350	8	10800	2023 年 12 月 1 日
办公椅	BGY003	舒适家居厂	890	20	17800	2023 年 12 月 5 日
打印机	DYJ003	办公电器厂	2450	4	9800	2023 年 12 月 10 日
文件柜	WJG003	办公家具厂	1100	7	7700	2023 年 12 月 14 日
计算机	DN003	电子科技厂	4600	3	13800	2023 年 12 月 18 日
换气扇	HQF001	家用电器厂	350	8	2800	2023 年 12 月 20 日
投影仪	TYJ005	现代电子厂	4000	2	8000	2023 年 12 月 22 日
办公桌	BGZ004	办公家具厂	1800	4	7200	2023 年 12 月 24 日
电饭锅	DFG001	家用电器厂	450	2	900	2023 年 12 月 26 日
购物车	GWC001	日用品厂	200	5	1000	2023 年 12 月 28 日
计算机	DN004	电子科技厂	4800	2	9600	2023 年 12 月 30 日
投影仪	TYJ006	现代电子厂	4150	3	12450	2024 年 1 月 4 日
办公桌	BGZ005	办公家具厂	1550	5	7750	2024 年 1 月 6 日
购物车	GWC002	日用品厂	150	10	1500	2024 年 1 月 8 日

为了深入理解这些数据，提出以下 3 个可视化需求。

（1）针对每种产品类型，计算每种产品采购总价并使用柱形图进行可视化。

（2）表 7-1 中包含多个生产厂商，使用饼图展示不同生产厂商的总采购价格和数量。

（3）在每季度的采购情况中，使用折线图展示每种产品的采购数量变化趋势。

第 8 章　机器学习基础

8.1　机器学习介绍

机器学习是一门融合了统计学、概率论、算法复杂度理论、逼近论、凸分析等多个领域的交叉学科。

在古代，我国以农业立国，人们靠天吃饭，天气对农业和百姓的影响非常大。在长期的实践活动中，人们逐渐认识到某些自然现象之间的联系，例如"朝霞不出门，暮霞行千里。"这句谚语便是基于长期观察和经验积累得出的。这些经验被用来预测未来的天气变化。机器学习便是通过研究计算技术，利用总结的经验来提升系统的性能。

8.1.1　机器学习的概念

机器学习是人工智能领域的一个分支，旨在研究、开发算法和模型，不需要显式编程就能使计算机系统自动从数据中学习并提升性能。机器学习的核心思想是通过分析大规模数据集来发现内在的模式、规律和结构，以便模型能够实现预测、分类或决策等功能。其目标是使计算机系统具备自适应性和泛化能力，以便应对不断变化的任务和环境。

机器学习在多个领域都展现了巨大的应用潜力。在自然语言处理领域，它被用于文本分类、命名实体识别、机器翻译等任务。在计算机视觉领域，机器学习被应用于图像识别、目标检测、图像生成等场景。此外，在医疗保健、金融、交通、电子商务和社交媒体等领域，机器学习正迅速成为关键的技术驱动力。

在机器学习的发展过程中，研究主要分为以下两大方向。

（1）传统机器学习

传统机器学习的重点在于模拟人类学习机制，研究如何构建算法和模型，使用预先设定的统计方法来对数据进行分析，以便计算机能够发现数据中的价值，并从中提取模式、作出决策并提升性能。

（2）大数据环境下的机器学习

大数据环境下的机器学习结合机器学习算法，专注于有效地利用大规模数据集，挖掘、识别和理解其中有价值的内容。这涉及分布式计算、数据挖掘、深度学习和大数据分析等技术、方法的研究。最终目标是从多源异构、动态多变、密度价值低的海量数据中找出隐藏在背后的规律，使数据能发挥最大程度的价值。

8.1.2　机器学习的分类

机器学习可以根据学习方式的不同分为监督学习、无监督学习、半监督学习和强化学习，如图 8-1 所示。本节主要介绍监督学习和无监督学习。

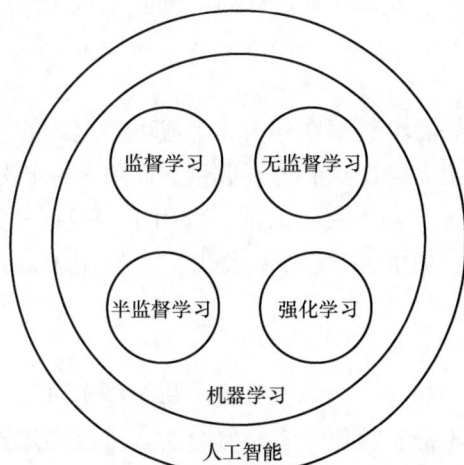

图 8-1　机器学习的分类

监督学习和无监督学习是机器学习领域中两种不同的学习范式，它们之间的区别在于数据是否被标记和学习任务的性质。

1. 监督学习

监督学习是一种利用带有标记的数据进行训练的机器学习方法。在监督学习中，模型使用标记数据集进行训练。训练完成后，模型会对测试数据进行测试，然后预测输出。监督学习的典型任务包括分类和回归，如图 8-2 所示。分类问题是指通过训练数据，学习一个从观测样本到离散标签的映射；而回归问题是指通过训练数据，学习一个从观测样本到连续标签的映射。两者主要的区别在于分类算法中的标签是离散值，而回归算法中的标签是连续值。

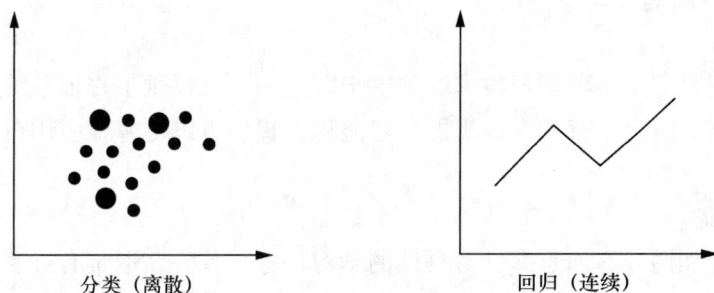

图 8-2　监督学习的两个典型任务

分类任务又可以进一步划分为二分类、多类别分类、多标签分类和不平衡分类。

（1）二分类

二分类是最基本的机器学习任务之一，它要求模型将数据划分为两个互斥的类别：正类别和负类别。正类别是需要识别的目标类别，通常是我们关注的类别。负类别则是除了正类别之外的所有类别。例如检测电子邮件是否为垃圾邮件，其中"非垃圾邮件"是正常状态，"垃圾邮件"是异常状态。正常状态的类别分配为类别标签 0，异常状态的类别分配为类别标签 1。可用于二分类的常用算法包括：逻辑斯谛回归、k 近邻查询、决策树、支持向量机、朴素贝叶斯。有些算法是专为二分类任务设计的，例如逻辑斯谛回归和支持向量机不支持两个以上的类别。

（2）多类别分类

与二分类不同，多类别分类将数据划分为 3 个或更多互斥的类别，没有明确的正类别或负类别。其中类别数是指模型需要识别的类别数量，而单一标签是指每个样本只能被分配给一个类别。类别数可能非常大，例如人脸识别。可用于多类别分类的流行算法包括：k 近邻查询、决策树、朴素贝叶斯、随机森林、梯度提升。一些用于二分类任务的算法也适用于多类别分类任务。

（3）多标签分类

不同于多类别分类的单一标签，多标签分类的每个样本可以与多个标签关联。用于二分类或多类别分类的分类算法不能直接用于多标签分类。可以使用算法的多标签版本，例如多标签决策树、多标签随机森林、多标签梯度提升。也可以使用单独的分类算法来预测每个类别的标签。

（4）不平衡分类

不平衡分类是指其中不同类别的样本数量差距巨大，通常正类别（少数类）的样本数量远远少于负类别（多数类）的样本数量。

在现实生活中，监督学习被广泛应用于风险评估、图像分类、欺诈检测、垃圾邮件过滤等。

2. 无监督学习

与监督学习不同，无监督学习使用未标记的数据集进行训练，并允许在没有任何监督的情况下对该数据进行操作。在无监督学习中，我们需要用某种算法去训练无标签的数据集，从而找到这组数据的潜在结构。无监督学习可以分为聚类、关联规则和降维 3 个主要类别。

8.1.3　机器学习流程

机器学习流程是实现机器学习技术的关键步骤之一，它提供了一种系统的方法来开发和部署机器学习模型。通过了解和掌握机器学习流程，我们可以更好地应用机器学习技术来解决现实问题。

1. 监督学习流程

监督学习流程如图 8-3 所示。针对具体的学习任务，首先获取带有标签的样本，然后提取样本特征，即过滤掉数据中的无关信息，保留有用信息。接着，使用监督学习算法训练得到假设模型，并使用该模型预测新数据。

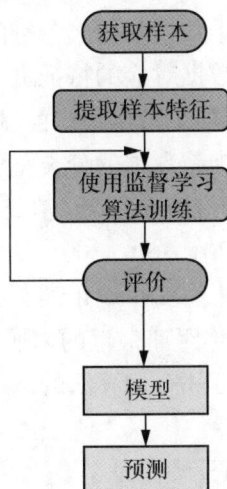

图 8-3　监督学习流程

2. 无监督学习流程

无监督学习算法的输入数据是未进行标记的，它能够在没有任何辅助的情况下学习数据。这使我们可以处理大量未经标记的数据，但因为缺乏明确的评价标准，评估算法的质量变得更为复杂。针对具体的无监督学习任务，首先获取没有任何标签的样本，然后提取样本特征，最后使用无监督学习算法处理样本，该流程如图 8-4 所示。

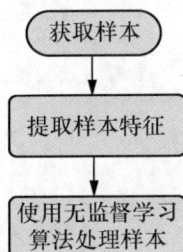

图 8-4　无监督学习流程

监督学习和无监督学习除了数据类型有区别外，两者的学习目的、应用场景、模型的复杂性、评估方法等方面均有差异。选择监督学习还是无监督学习取决于数据类型和任务目标。如果已经有了标签数据，并且任务目标是预测或分类，那么采用监督学习可能更适合。如果只是想了解数据的结构或模式，并且是没有标签的数据，那么无监督学习可能是更好的选择。

8.1.4　使用 Python 实现机器学习算法

在前面的章节中，我们已经详细介绍了机器学习的分类，本节将按照监督学习和非监督学习两大类分别介绍常用的机器学习算法，并使用 Python 来实现相关算法。

1. 监督学习常用算法

（1）k 近邻查询

k 近邻查询算法是一种基本分类和回归算法。它的工作原理如下：在训练样本集中，每个数据都有标签，即已知样本集中每个数据与所属分类的对应关系。输入没有标签的新数据后，将新数据的每个特征与样本集中数据对应的特征进行比较，然后提取样本最相似的数据（即最近邻）的分类标签。一般只选择样本数据集中前 k 个最相似的数据。最后，选择 k 个最相似数据中出现次数最多的分类作为新数据的分类。例如，假设你所在的某个城市，A 在武侯区，B 在高新区，C 在高新区，D 在青羊区，E 在成华区，F 在青羊区，你与 A、B、C、D、E、F 的距离分别是 130、100、120、260、300、240。若 $k=3$，那么与你距离最近的 3 个邻居分别是 A、B、C，这 3 个邻居中有 2 个属于高新区，按照 k 近邻查询算法，你所在的区域被分类为高新区；如果 $k=1$，与你距离最近的邻居是 B，B 在高新区，那么你所在的区域就被分类为高新区。这也说明了 k 近邻查询算法的结果在很大程度上受 k 取值的影响，通常 k 值取不大于 20 的整数。

以下是实现 k 近邻查询算法的代码示例。

```python
#定义数据集
data = {
    'A': {'区域': '武侯区', '距离': 130},
    'B': {'区域': '高新区', '距离': 100},
    'C': {'区域': '高新区', '距离': 120},
    'D': {'区域': '青羊区', '距离': 260},
    'E': {'区域': '成华区', '距离': 300},
    'F': {'区域': '青羊区', '距离': 240},
}


def find_nearest_neighbors(data, k):
    return sorted(data.items(), key=lambda x: x[1]['距离'])[:k]


def determine_region(neighbors):
    region_count = {}
    for neighbor in neighbors:
        region = neighbor[1]['区域']
        region_count[region] = region_count.get(region, 0) + 1
    return max(region_count, key=region_count.get)


K = int(input("请输入 k 值: "))
neighbors = find_nearest_neighbors(data, k)
predicted_region = determine_region(neighbors)

print(f"如果 k={k}, 你所在的区域是{predicted_region}")
```

实现结果如图 8-5 所示。

```
请输入k值：1
如果k=1，你所在的区域是高新区

请输入k值：3
如果k=3，你所在的区域是高新区
```

图 8-5　k 近邻查询算法案例

（2）决策树

决策树又称为判定树，是数据挖掘技术中的一个重要的分类和回归方法，它采用树形结构（包括二叉树和多叉树）来表达预测分析模型。每个非叶节点表示一个特征属性的测试，每个分支代表这个特征属性在某个值域上的输出，而每个叶节点则存放一个类别。一般情况下，一棵决策树包含一个根节点、若干个内部节点和若干个叶节点。叶节点对应于决策结果，其他每个节点对应于一个属性测试。每个节点包含的样本集合根据属性测试的结果被划分到子节点中，根节点包含样本全集，从根节点到每个叶节点的路径对应一个判定的测试序列。决策树学习的目的是构建一棵具有强泛化能力的决策树。使用决策树进行决策的过程就是从根节点开始，测试待分类项中相应的特征属性，并按照其值选择输出分支，直到到达叶节点，将叶节点存放的类别作为决策结果。

我们可以使用决策树算法根据学习时间和学习计划的完成情况，预测学生能否通过考试。这是一个二分类任务，我们将使用决策树算法来构建模型，并预测学生能否通过考试。

以下是实现代码。

```
#导入必要的库和数据集
import pandas as pd
from sklearn.model_selection import train_test_split
from sklearn.tree import DecisionTreeClassifier
from sklearn.metrics import accuracy_score, classification_report, confusion_matrix

#创建简单的数据集
data = {
    'StudyTime': [2, 1, 3, 2, 4, 1, 2, 3, 2, 4],
    'StudyPlan': ['Yes', 'No', 'Yes', 'No', 'Yes', 'No', 'Yes', 'Yes', 'No', 'Yes'],
    'Pass': [1, 0, 1, 0, 1, 0, 1, 1, 0, 1]
}

#将数据集转换为 DataFrame
df = pd.DataFrame(data)

#将分类特征转换为数值特征
df['StudyPlan'] = df['StudyPlan'].map({'Yes': 1, 'No': 0})

#选择特征列和目标列
X = df[['StudyTime', 'StudyPlan']]
y = df['Pass']

#将数据集分割为训练集和测试集
X_train, X_test, y_train, y_test = train_test_split(X, y, test_size = 0.2, random
_state = 42)

#创建决策树模型
model = DecisionTreeClassifier()

#在训练集上训练模型
```

```
model.fit(X_train, y_train)

#在测试集上进行预测
y_pred = model.predict(X_test)

#计算模型准确率
accuracy = accuracy_score(y_test, y_pred)
print(f"模型准确率: {accuracy:.2f}")

#打印分类报告
report = classification_report(y_test, y_pred)
print("分类报告:\n", report)

#打印混淆矩阵
matrix = confusion_matrix(y_test, y_pred)
print("混淆矩阵:\n", matrix)
```

实现结果如图 8-6 所示。

```
模型准确率: 1.00
分类报告:
              precision    recall  f1-score   support

           0       1.00      1.00      1.00         2

    accuracy                           1.00         2
   macro avg       1.00      1.00      1.00         2
weighted avg       1.00      1.00      1.00         2

混淆矩阵:
 [[2]]
```

图 8-6　决策树算法案例

本例首先创建了一个简单的数据集，包括学习时间、学习计划和是否通过。将分类特征“学习计划”转换为数值特征，将“Yes”映射为 1，“No”映射为 0。将数据集划分为训练集（80%）和测试集（20%）。然后创建了一个决策树分类器模型，并在训练集上训练该模型。本例的主要目的是展示如何使用决策树算法对一个简单的二分类任务进行建模和评估。在实际应用中，可以根据具体问题调整特征选择、模型参数等，以优化模型性能。

（3）朴素贝叶斯

在学习朴素贝叶斯算法之前，我们需要了解贝叶斯公式。根据贝叶斯定理，我们可以先预估一个“先验概率”，然后加入实验结果，通过“先验概率”增强或削弱，得到更接近事实的“后验概率”。在分类中，我们只需要找出可能性最大的选项，而不需要知道具体类别的概率是多少，为了减少计算量，在实际编程中可以不使用全概率公式。

朴素贝叶斯算法是基于贝叶斯定理与特征条件独立性假设的分类方法。对于给定的训练集，首先基于特征条件独立假设学习输入/输出的联合概率分布（朴素贝叶斯法这种通过学习得到模型的机制，显然属于生成模型）并构建模型；然后基于此模型，对给定的输入 x，利用贝叶斯定理求出后验概率最大的输出 y。例如，预测邮件是否为垃圾邮件，可以使用朴素贝叶斯算法来构建模型，并预测邮件的分类。

以下是实现代码。

```python
#导入必要的库和数据集
import pandas as pd
from sklearn.model_selection import train_test_split
from sklearn.feature_extraction.text import TfidfVectorizer
from sklearn.naive_bayes import MultinomialNB
from sklearn.metrics import accuracy_score, classification_report
from sklearn.pipeline import make_pipeline
from nltk.corpus import stopwords
import nltk

#下载停用词库（首次需要下载）
nltk.download('stopwords')

#创建数据集
data = {
    'text': [
        #垃圾邮件样本
        'Win free iPhone now!', 'Claim your prize today',
        'Limited time offer click here', 'Earn money fast',
        'Congratulations you won!', 'Credit card required',
        'Risk-free investment', 'Double your income',
        'Nigerian prince needs help', 'Viagra special offer',

        #正常邮件样本
        'Meeting rescheduled to 3pm', 'Project update attached',
        'Lunch tomorrow?', 'Your document is ready',
        'Team building activity', 'Please review the report',
        'Birthday party invitation', 'Weekly status meeting',
        'Client feedback received', 'Conference call details'
    ],
    'spam': [1]*10 + [0]*10    #平衡数据集
}

df = pd.DataFrame(data)

#划分数据集
X_train, X_test, y_train, y_test = train_test_split(
    df['text'],
    df['spam'],
    test_size=0.3,            #更合理的划分比例
    stratify=df['spam'],      #保持类别比例
    random_state=42
)

#创建处理管道
pipeline = make_pipeline(
```

```
TfidfVectorizer(
    stop_words=stopwords.words('english'),    #过滤停用词
    ngram_range=(1,2),          #考虑1~2个词的组合
    max_features=100            #控制特征维度
),
MultinomialNB(alpha=0.1)    #加入平滑系数
)

#训练模型
pipeline.fit(X_train, y_train)

#评估模型
y_pred = pipeline.predict(X_test)
print(f"准确率: {accuracy_score(y_test, y_pred):.2f}")
print("\n 分类报告:\n", classification_report(y_test, y_pred))

#测试新样本
new_emails = [
    'Get rich quick scheme',    #应识别为垃圾
    'Project meeting agenda'    #应识别为正常
]
print("\n 预测结果:", pipeline.predict(new_emails))
```

实现结果如图 8-7 所示。

```
准确率: 0.67

分类报告:
              precision    recall  f1-score   support

           0       0.60      1.00      0.75         3
           1       1.00      0.33      0.50         3

    accuracy                           0.67         6
   macro avg       0.80      0.67      0.62         6
weighted avg       0.80      0.67      0.62         6

预测结果: [0 0]
```

图 8-7 朴素贝叶斯算法案例

本例采用朴素贝叶斯算法处理一个简单的垃圾邮件分类任务。首先，通过将邮件内容进行 TF-IDF 向量化，将文本数据转换为数值特征。然后，将数据集划分为训练集和测试集，并训练了一个朴素贝叶斯分类器。最后，通过预测并评估模型性能，包括准确率、分类报告和混淆矩阵，实现了对垃圾邮件分类的有效建模。

（4）逻辑斯谛回归

逻辑斯谛回归是一种分类模型，线性回归是一种回归模型。虽然逻辑斯谛回归和线性回归原理相似，但逻辑斯谛回归在线性回归的基础上增加了一个逻辑斯谛函数。线性回归的损失函数为均方误差类损失，而逻辑斯谛回归的损失函数为交叉熵损失。

逻辑斯谛回归的损失函数为什么选择交叉熵损失而不选择均方误差呢？其原因是当使用

均方误差作为损失函数时，梯度是和 sigmoid 函数的导数有关的，如果当前模型的输出接近 0
或者 1，求得的梯度会变得很小，导致损失函数收敛缓慢。而使用交叉熵损失则不会出现这样
的情况，因为它的导数就是一个差值，误差越大，更新越快，误差越小，更新越慢。下面是一
个学生成绩数据集的示例，可以根据学生的学习时间和练习时间来预测他们能否通过考试。

　　以下是实现代码。

```python
#导入必要的库和数据集
import pandas as pd
from sklearn.model_selection import train_test_split
from sklearn.linear_model import LogisticRegression
from sklearn.metrics import accuracy_score, classification_report, confusion_matrix

#创建一个简单的学生成绩数据集
data = {
    'study_hours': [1, 2, 2, 3, 4, 5, 5, 6, 7, 8],
    'practice_hours': [0, 0, 1, 0, 1, 1, 0, 1, 1, 1],
    'pass_exam': [0, 0, 0, 0, 1, 0, 1, 1, 1, 1]
}

#将数据集转换为 DataFrame
df = pd.DataFrame(data)

#选择特征列和目标列
X = df[['study_hours', 'practice_hours']]
y = df['pass_exam']

#将数据集分割为训练集和测试集
X_train, X_test, y_train, y_test = train_test_split(X, y, test_size = 0.2, random_state = 42)

#创建逻辑斯谛回归分类器
model = LogisticRegression()

#在训练集上训练模型
model.fit(X_train, y_train)

#在测试集上进行预测
y_pred = model.predict(X_test)

#计算模型准确率
accuracy = accuracy_score(y_test, y_pred)
print(f"模型准确率: {accuracy:.2f}")

#打印分类报告
report = classification_report(y_test, y_pred)
print("分类报告:\n", report)
```

```
#打印混淆矩阵
matrix = confusion_matrix(y_test, y_pred)
print("混淆矩阵:\n", matrix)
```

实现结果如图 8-8 所示。

```
模型准确率: 1.00
分类报告:
              precision    recall  f1-score   support

           0       1.00      1.00      1.00         1
           1       1.00      1.00      1.00         1

    accuracy                           1.00         2
   macro avg       1.00      1.00      1.00         2
weighted avg       1.00      1.00      1.00         2

混淆矩阵:
 [[1 0]
 [0 1]]
```

图 8-8　逻辑斯谛回归算法案例

本例根据学习时间和练习时间两个特征来预测学生能否通过考试。使用逻辑斯谛回归算法处理一个包含学习小时数和练习小时数的学生成绩数据集，将数据集拆分为训练集和测试集，利用逻辑斯谛回归模型进行训练和预测，并最终评估模型的性能，包括计算准确率、生成分类报告和混淆矩阵，以全面了解模型的分类效果。

逻辑斯谛回归是一种适用于二分类任务的常用算法，该代码示例演示了其在简单学生成绩预测任务上的应用。

（5）支持向量机

支持向量机（SVM）是一种将向量映射到一个更高维的空间的方法，在这个空间中建立一个分割超平面将空间划分为两个部分。在分离数据的分割超平面的两侧形成两个互相平行的超平面，分割超平面使两个平行超平面的距离最大化。平行超平面间的距离或差距越大，分类器的总误差越小。假设你有一块土地要种植苹果树和橙子树。你想确定在哪里种植苹果树，在哪里种植橙子树，以获得最佳的产量。你有一些已经长成的苹果树和橙子树，它们分别散落在土地上的不同位置。你想要找到一个决策边界，将土地划分为两个区域，一个区域用于种植苹果树，另一个区域用于种植橙子树。可以使用 SVM 来帮助你找到最佳的决策边界。

以下是实现代码。

```
#导入必要的库和数据集
import numpy as np
import matplotlib.pyplot as plt
from sklearn import svm
from matplotlib.font_manager import FontProperties

#设置中文字体
font = FontProperties(fname = r"c:\windows\fonts\simsun.ttc", size = 14)

#创建一些示例数据,每个数据点有两个特征(x坐标和y坐标)
#特征数据(二维坐标)
X = np.array([[1, 2],
              [2, 3],
```

```
                    [3, 1],
                    [4, 4],
                    [6, 5],
                    [7, 7]])

#对应的标签（0 表示苹果，1 表示橙子）
y = np.array([0, 0, 0, 1, 1, 1])

#创建一个 SVM 分类器，使用线性核函数
clf = svm.SVC(kernel = 'linear')

#在训练集上拟合 SVM 模型
clf.fit(X, y)

#画出训练数据点
plt.scatter(X[:, 0], X[:, 1], c = y, cmap = plt.cm.Paired)

#获取决策边界
ax = plt.gca()
xlim = ax.get_xlim()
ylim = ax.get_ylim()

#创建网格来评估模型
xx, yy = np.meshgrid(np.linspace(xlim[0], xlim[1], 50),
                     np.linspace(ylim[0], ylim[1], 50))
Z = clf.decision_function(np.c_[xx.ravel(), yy.ravel()])
Z = Z.reshape(xx.shape)

#画出决策边界和支持向量
plt.contour(xx, yy, Z, colors = 'k', levels = [-1, 0, 1], alpha = 0.5,
            linestyles = ['--', '-', '--'])

#显示中文字符
plt.xlabel('特征 1', fontproperties = font)
plt.ylabel('特征 2', fontproperties = font)
plt.title('SVM 决策边界示例',fontproperties = font)
plt.show()
```

实现结果如图 8-9 所示。

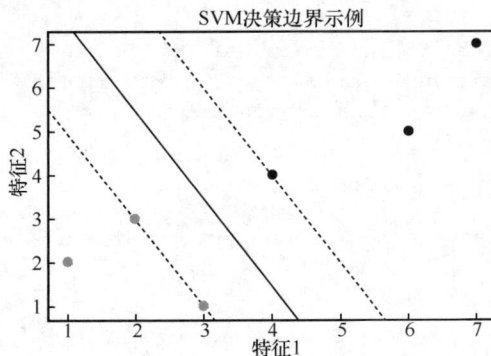

图 8-9　支持向量机算法案例

在本例中，已经长成的苹果树和橙子树相当于训练数据，其位置坐标即特征。SVM 会尝试找到一个决策边界，使距离决策边界最近的苹果树和橙子树之间的间隔最大化。在实际操作中，可以使用 SVM 法来训练模型，找到最佳的决策边界，并预测新的土地应该种植什么。在实际问题中，可能会使用更大规模和更复杂的数据集来训练 SVM。

2. 无监督学习常用算法

1）聚类算法

（1）K 均值聚类算法

K 均值聚类算法是一种常见的无监督学习算法，用于将数据分为多个簇，每个簇内的数据点相似度较高，而不同簇之间的数据点差异较大。它通常用于数据分群。需要注意的是，选择适当的 K 值通常需要相关领域知识或使用肘部法则来确定。肘部法则是通过尝试不同的 K 值并绘制每个 K 值下的簇内平方和来选择 K 值。当簇内平方和的下降幅度减小时，肘部法则建议选择该 K 值。算法步骤如下。

① 初始化：选择簇的数量 K 和初始聚类中心的位置。

② 分配：将每个数据点分配到最近的聚类中心所代表的簇。

③ 更新：计算每个簇的新聚类中心位置，即簇内所有数据点的平均值。

④ 重复：重复步骤②和③，直到簇不再改变或达到最大迭代次数。K 均值聚类算法的目标是最小化簇内数据点与其聚类中心之间的距离，同时最大化不同簇之间的距离。

这种算法常用于数据分析、图像压缩、市场分析等领域。但需要注意，K 值的选择和初始聚类中心的位置可能会影响聚类结果。

假设你是一家电子商务公司的数据分析师，负责了解客户的购买行为并将他们分为不同的群体。你有一份包含客户的年龄和购买金额的数据集，希望使用 K 均值聚类算法来确定哪些客户具有相似的购买行为，以便将他们纳入相应的市场营销策略。

以下是实现代码。

```python
#导入必要的库和数据集
import numpy as np
import matplotlib.pyplot as plt
from sklearn.cluster import KMeans
from matplotlib.font_manager import FontProperties

#创建模拟客户数据
np.random.seed(0)
num_samples = 200
age = np.random.randint(18, 65, num_samples)
purchase_amount = np.random.uniform(10, 200, num_samples)
data = np.column_stack((age, purchase_amount))

#使用K均值聚类算法
num_clusters = 3
kmeans = KMeans(n_clusters = num_clusters, random_state = 42)
kmeans.fit(data)
cluster_labels = kmeans.labels_

#设置中文字体
font = FontProperties(family = 'SimHei', size = 12)    #使用SimHei作为中文字体,也可以根
```

据需要选择其他中文字体

```
#绘制客户分布图
plt.figure(figsize = (10, 6))
for i in range(num_clusters):
    cluster_data = data[cluster_labels == i]
    plt.scatter(cluster_data[:, 0], cluster_data[:, 1], label = f'Cluster {i + 1}')

plt.xlabel('年龄',fontproperties = font)
plt.ylabel('购买金额',fontproperties = font)
plt.title('客户分布及 K 均值聚类结果',fontproperties = font)
plt.legend()
plt.show()
```

实现结果如图 8-10 所示。

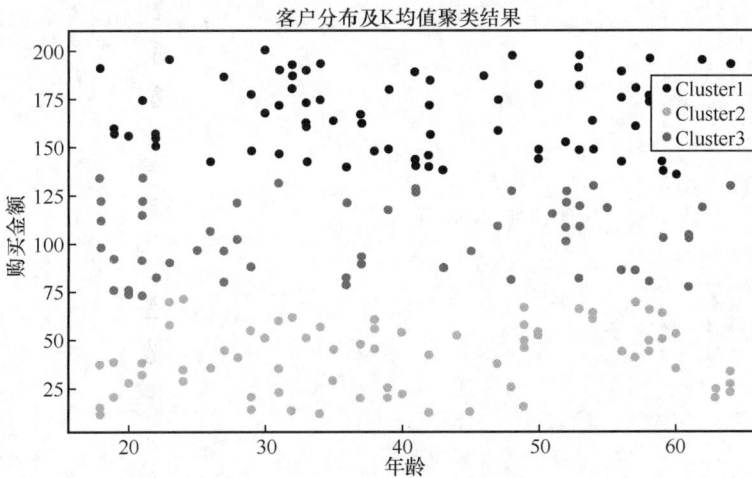

图 8-10　K 均值聚类算法案例

（2）基于密度的聚类算法

基于密度的聚类算法（DBSCAN）通过分析数据点的密度分布，将数据点分为不同的簇，并能在具有噪声的数据中发现任意形状的簇。DBSCAN 在各种领域中广泛应用，包括地理信息系统、图像分析、异常检测和社交网络分析等。作为一种强大的聚类算法，DBSCAN 特别适用于处理复杂的数据集。

下面的例子是使用 DBSCAN 来识别一组二维数据点中的聚类结构。

以下是实现此算法的示例代码。

```
#导入必要的库和数据集
import numpy as np
import matplotlib.pyplot as plt
from sklearn.cluster import DBSCAN
from matplotlib.font_manager import FontProperties

#创建模拟数据
np.random.seed(0)
X = np.random.randn(300, 2)              #二维数据集包含 300 个数据点
```

```
X[:100] += 3                                    #前 100 个点的均值增加 3
X[100:200] += 6                                 #接下来 100 个点的均值增加 6

#使用 DBSCAN 算法
dbscan = DBSCAN(eps = 0.5, min_samples = 5)     #邻域半径为 0.5,邻域内最小样本为 5
dbscan.fit(X)

#获取聚类结果
labels = dbscan.labels_

#设置中文字体为 SimHei
font = FontProperties(family = 'SimHei', size = 12)

#绘制数据点和聚类结果
unique_labels = set(labels)
colors = [plt.cm.Spectral(each) for each in np.linspace(0, 1, len(unique_labels))]

plt.figure(figsize = (10, 6))
for k, col in zip(unique_labels, colors):
    if k == -1:         #聚类标签设为-1,表示噪声点
        col = [0, 0, 0, 1]

    class_member_mask = (labels == k)
    xy = X[class_member_mask]
    plt.scatter(xy[:, 0], xy[:, 1], s = 50, color = col, marker = 'o', edgecolor
= 'k', label = f'Cluster {k}')

plt.title('DBSCAN 聚类结果',fontproperties = font)
plt.xlabel('X轴',fontproperties = font)
plt.ylabel('Y轴',fontproperties = font)
plt.legend()
plt.show()
```

实现结果如图 8-11 所示。

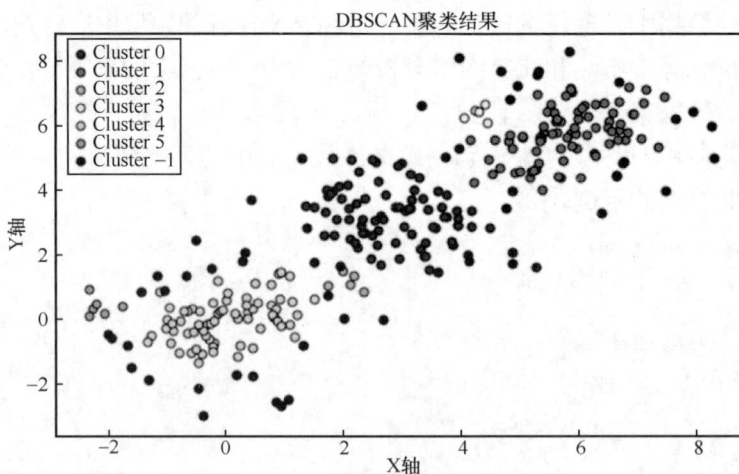

图 8-11　DBSCAN 算法案例

　　本例使用了 DBSCAN 算法对一个二维数据集进行聚类，通过循环遍历不同的聚类标签，将每个簇用不同颜色表示，并将噪声点用黑色标出。生成的散点图清晰地展示了数据点的分布和 DBSCAN 算法的聚类效果。

　　2）降维算法

　　（1）主成分分析算法

　　主成分分析（PCA）算法通过线性变换将高维数据映射到低维空间，以保留最重要的特征。我们可以使用 PCA 算法对鸢尾花数据集进行降维。鸢尾花数据集包含 150 个样本，每个样本有 4 个特征。数据集中的样本分为 3 类，分别对应 3 种不同的鸢尾花。

　　以下是实现 PCA 算法的示例代码。

```
#导入必要的库和数据集
import numpy as np
import matplotlib.pyplot as plt
from sklearn import datasets
from sklearn.decomposition import PCA
from sklearn.preprocessing import StandardScaler
from matplotlib.font_manager import FontProperties

#加载鸢尾花数据集
iris = datasets.load_iris()
X = iris.data
y = iris.target
print("数据集形状: ", X.shape)

#标准化数据
scaler = StandardScaler()
X_std = scaler.fit_transform(X)

#使用 PCA 进行降维（将数据降维到 2 维）
pca = PCA(n_components = 2)
X_pca = pca.fit_transform(X_std)
print("降维后的数据形状: ", X_pca.shape)

#查看降维后的数据
font = FontProperties(family = 'SimHei', size = 12)
plt.scatter(X_pca[:, 0], X_pca[:, 1], c = y, cmap = plt.cm.Set1, edgecolor = 'k')
plt.title("降维后的数据", fontproperties = font)
plt.xlabel("第一主成分", fontproperties = font)
plt.ylabel("第二主成分", fontproperties = font)
plt.show()
```

　　实现结果如图 8-12 所示。

　　通过降维处理，数据集的维度从 4 维降至 2 维，从而简化了数据的可视化过程。在图中，我们可以清晰地看到不同类别的鸢尾花数据在降维后的空间中的分布情况。

　　（2）t-分布邻域嵌入

　　t-分布邻域嵌入（t-SNE）用于可视化高维数据，它强调保留数据点之间的相对距离。

通过使用 t-SNE 算法，我们可以对手写数字数据集进行降维和可视化处理。该数字数据集包含了各种手写数字的图像数据。每张图像由 64 个像素组成，形成了一个 8×8 的图像矩阵。

数据集形状: (150, 4)
降维后的数据形状: (150, 2)

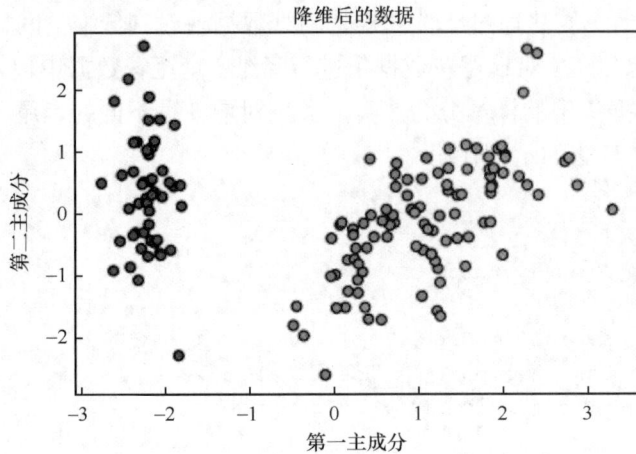

图 8-12 主成分分析算法案例

以下是实现这一过程的代码示例。

```python
#导入必要的库和数据集
import numpy as np
import matplotlib.pyplot as plt
from matplotlib.font_manager import FontProperties
from sklearn import datasets
from sklearn.manifold import TSNE

digits = datasets.load_digits()
X = digits.data
y = digits.target

#使用 t-SNE 进行降维（将数据降维到 2 维）
tsne = TSNE(n_components = 2, random_state = 0)
X_tsne = tsne.fit_transform(X)

#可视化降维后的数据
font = FontProperties(family = 'SimHei', size = 12)
plt.figure(figsize = (10, 8))
plt.scatter(X_tsne[:, 0], X_tsne[:, 1], c = y, cmap = plt.cm.tab10)
plt.title("t-SNE 降维可视化",fontproperties = font)
plt.colorbar()
plt.show()
```

实现结果如图 8-13 所示。

t-SNE 算法能够将数据从原始的 64 维降至 2 维，从而实现数据的降维处理。

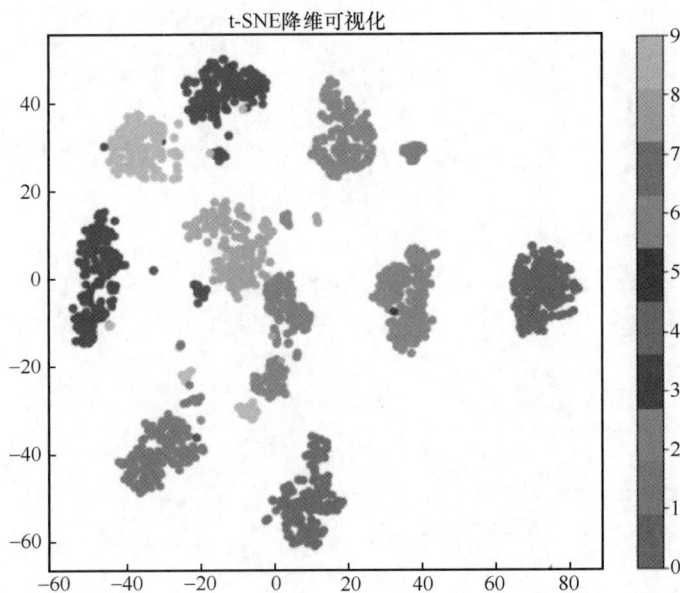

图 8–13　t–SNE 算法案例

作为一种非线性降维技术，t-SNE 算法能够更好地捕捉高维数据中的非线性结构。在高维空间中相邻的点，在降维后仍然保持靠近。不同类别的手写数字在降维后的空间中呈现出明显的分离，这说明 t-SNE 算法保留了数字之间的区分性。本例通过展示手写数字在降维后的结构，为我们提供了对数据分布和相似性的直观理解。

（3）自编码器

自编码器用于学习数据的低维表示，常用于特征提取和降维。此外，我们还可以使用自编码器对图像降噪。在下面的案例中，我们将使用 Keras 构建一个自编码器来去除噪声。

以下是实现这一过程的示例代码。

```
#导入所需的库
import torch
import torch.nn as nn
import torch.optim as optim
from torchvision import datasets, transforms
from torch.utils.data import DataLoader
import matplotlib.pyplot as plt
import numpy as np

#设置随机种子，以便结果可重复
torch.manual_seed(42)
np.random.seed(42)

#数据预处理
transform = transforms.Compose([transforms.ToTensor(), transforms. Normalize
((0.5,), (0.5,))])
```

```
#加载 MNIST 数据集
train_dataset = datasets.MNIST('./data', train = True, download = True, transform
 = transform)
test_dataset = datasets.MNIST('./data', train = False, download = True, transform
 = transform)

#构建数据加载器
train_loader = DataLoader(train_dataset, batch_size = 128, shuffle = True)
test_loader = DataLoader(test_dataset, batch_size = 128, shuffle = False)

#定义自编码器模型
class Autoencoder(nn.Module):
    def _init_(self):
        super(Autoencoder, self)._init_()
        self.encoder = nn.Sequential(
            nn.Linear(28*28, 128),
            nn.ReLU(),
            nn.Linear(128, 64),
            nn.ReLU(),
            nn.Linear(64, 32)
        )
        self.decoder = nn.Sequential(
            nn.Linear(32, 64),
            nn.ReLU(),
            nn.Linear(64, 128),
            nn.ReLU(),
            nn.Linear(128, 28*28),
            nn.Sigmoid()
        )

    def forward(self, x):
        x = x.view(-1, 28*28)
        x = self.encoder(x)
        x = self.decoder(x)
        return x

#创建自编码器模型
autoencoder = Autoencoder()

#定义损失函数和优化器
criterion = nn.BCELoss()    #构建二进制交叉熵损失函数
optimizer = optim.Adam(autoencoder.parameters(), lr = 0.001)    #模型参数优化

#训练自编码器
num_epochs = 20
for epoch in range(num_epochs):
    for data in train_loader:
```

```
        img, _ = data
        img = img.view(img.size(0), -1)
        optimizer.zero_grad()
        outputs = autoencoder(img)
        loss = criterion(outputs, img)
        loss.backward()
        optimizer.step()

        print("epoch:")
        print(epoch)
        print("loss:")
        print(loss.item())

#测试自编码器并可视化结果
with torch.no_grad():
    for data in test_loader:
        img, _ = data
        img = img.view(img.size(0), -1)
        outputs = autoencoder(img)
        break

#可视化结果
n = 10
plt.figure(figsize = (20, 4))
for i in range(n):
    #原始图像
    ax = plt.subplot(2, n, i + 1)
    plt.imshow(img[i].numpy().reshape(28, 28), cmap = 'gray')
    ax.get_xaxis().set_visible(False)
    ax.get_yaxis().set_visible(False)

    #重建图像
    ax = plt.subplot(2, n, i + 1 + n)
    plt.imshow(outputs[i].numpy().reshape(28, 28), cmap = 'gray')
    ax.get_xaxis().set_visible(False)
    ax.get_yaxis().set_visible(False)

plt.show()
```

实现结果如图 8-14 所示。

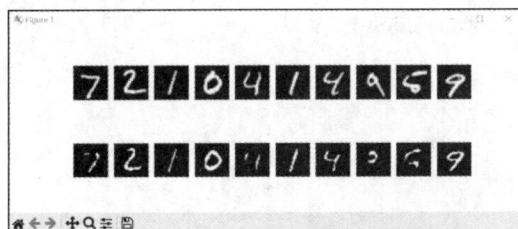

图 8-14 自编码器算法案例

本例使用 PyTorch 框架构建了一个自编码器模型，并通过 MNIST 数据集对其进行了训练和测试。自编码器包括编码器和解码器，通过迭代数据加载器进行训练，优化模型参数以最小化二进制交叉熵损失。最后，使用测试数据集评估自编码器的性能，并将原始图像与重建图像对比，展示了自编码器在图像重建任务上的效果。

3）关联规则算法

Apriori 算法是一种常用于挖掘关联规则的数据挖掘算法。该算法能够发现数据集中各项之间的频繁关联关系，因此在购物篮分析和推荐系统等领域中被广泛应用。我们可以使用 Apriori 算法挖掘购物篮数据中的频繁项集和关联规则，从而为商家提供宝贵的决策信息。

以下是实现 Apriori 算法的代码示例。

```python
#导入必要的库
import pandas as pd
from mlxtend.preprocessing import TransactionEncoder
from mlxtend.frequent_patterns import apriori, association_rules

#准备数据集
dataset = [['牛奶', '面包', '黄油'],
           ['牛奶', '面包', '茶'],
           ['面包', '黄油', '茶'],
           ['牛奶', '茶'],
           ['面包', '黄油'],
           ['茶']]

#对数据集进行编码
#将原始数据集转换为适用于 Apriori 算法的布尔型编码形式
#编码后的数据以 DataFrame 形式呈现
#其中每一列代表一个商品，每一行代表一个购物篮
te = TransactionEncoder()
te_ary = te.fit(dataset).transform(dataset)
df = pd.DataFrame(te_ary, columns = te.columns_)

#使用 Apriori 算法找到频繁项集
frequent_itemsets = apriori(df, min_support = 0.4, use_colnames = True)
#0.4 表示只保留支持度大于等于 40%的项集

#挖掘关联规则
rules = association_rules(frequent_itemsets, metric = 'confidence', min_threshold
= 0.7)
#0.7 表示只保留置信度大于等于 70%的关联规则

#打印结果
print("频繁项集: ")
print(frequent_itemsets)

print("\n关联规则: ")
```

```
print(rules)
```

实现结果如图 8-15 所示。

```
频繁项集:
     support   itemsets
0   0.500000   (牛奶)
1   0.666667   (茶)
2   0.666667   (面包)
3   0.500000   (黄油)
4   0.500000   (面包, 黄油)

关联规则:
  antecedents consequents ...  conviction  zhangs_metric
0      (面包)       (黄油)   ...        2.0       1.000000
1      (黄油)       (面包)   ...        inf       0.666667

[2 rows x 10 columns]
```

图 8-15　Apriori 算法案例

实现结果显示了数据集中的频繁项集，以及它们的支持度（支持度是指包含该项集的购物篮数量占总购物篮数量的比例），同时还显示了挖掘出的关联规则，包括规则的前项、后项、支持度、置信度（置信度表示在前项出现的情况下，后项也会出现的概率）等。通过本例我们可以了解如何使用 Apriori 算法从交易数据中挖掘出频繁项集和关联规则，这对于分析顾客购物行为、制定促销策略等商业分析活动具有实际应用意义。

4）生成对抗网络算法

生成对抗网络（GANs）是一种生成模型，它通过训练生成器和判别器来生成数据样本，常用于生成图像、音频等多媒体数据。GANs 算法能够模拟真实数据分布，从而生成与真实数据在统计上无法区分的新样本。

以下是实现 GANs 算法的代码示例。

```
#导入必要的库
import numpy as np
import matplotlib.pyplot as plt
from matplotlib.font_manager import FontProperties

#定义生成器和判别器

def generator(z, theta_g):
    """
    #生成器函数，接收随机噪声 z 和生成器参数 theta_g，返回生成的数据
    """
    return theta_g * z

def discriminator(x, theta_d):
    """
    #判别器函数，接收数据 x 和判别器参数 theta_d，返回判别结果
    """
    return sigmoid(theta_d * x)

def sigmoid(x):
```

```
    """
    Sigmoid 激活函数
    """
    return 1 / (1 + np.exp(-np.clip(x, -700, 700)))   #使用 np.clip 避免溢出

#定义 GANs 参数和训练参数

theta_g = 2.5    #生成器参数
theta_d = 1.5    #判别器参数
lr_g = 0.01      #生成器学习率
lr_d = 0.01      #判别器学习率
epochs = 5000    #训练轮数
batch_size = 64  #批量大小

#训练 GANs

losses_g = []      #存储生成器损失
losses_d = []      #存储判别器损失

epsilon = 1e-8   #微小的常数

for epoch in range(epochs):
    #生成随机噪声
    z = np.random.randn(batch_size, 1)

    #生成数据
    x_fake = generator(z, theta_g)

    #生成真实数据
    x_real = np.random.randn(batch_size, 1)

    #计算生成器损失
    loss_g = -np.mean(np.log(discriminator(x_fake, theta_d) + epsilon))

    #计算判别器损失
    loss_d = -np.mean(np.log(discriminator(x_real, theta_d) + epsilon) + np.log
(1 - discriminator(x_fake, theta_d) + epsilon))

    #更新生成器和判别器参数
    theta_g -= lr_g * loss_g
    theta_d -= lr_d * loss_d

    #存储损失
    losses_g.append(loss_g)
    losses_d.append(loss_d)

#生成新数据
```

```
#生成随机噪声
z_new = np.random.randn(100, 1)

#使用训练后的生成器生成新数据
x_generated = generator(z_new, theta_g)

#可视化训练过程和生成的数据

#设置中文显示
font = FontProperties(family = 'SimHei', size = 12)

#可视化损失
plt.figure(figsize = (12, 4))
plt.subplot(1, 2, 1)
plt.plot(losses_g, label = '生成器损失')
plt.plot(losses_d, label = '判别器损失')
plt.title('训练损失',fontproperties = font)
plt.xlabel('轮数',fontproperties = font)
plt.ylabel('损失',fontproperties = font)
plt.legend(prop = font)   #设置图例中文

#可视化生成的数据分布
plt.subplot(1, 2, 2)
plt.hist(x_generated, bins = 20, density = True, alpha = 0.7, color = 'blue',
label = '生成的数据')
plt.hist(x_real, bins = 20, density = True, alpha = 0.7, color = 'green', label =
'真实数据')
plt.title('生成的数据分布',fontproperties = font)
plt.xlabel('数据值',fontproperties = font)
plt.ylabel('频率',fontproperties = font)
plt.legend(prop = font)   #设置图例中文

plt.tight_layout()
plt.show()
```

实现结果如图 8-16 所示。

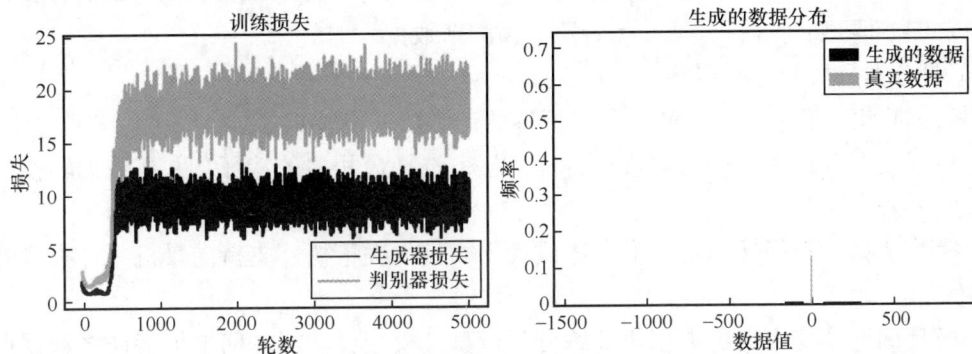

图 8-16　GANs 算法案例

在每轮训练中，首先生成一批随机噪声，然后使用生成器生成对应的假数据，同时从真实数据集中随机采样得到真实数据。接着，计算生成器和判别器的损失，这里采用对数似然损失函数（即交叉熵损失函数），并更新生成器和判别器的参数。通过对抗性的迭代优化过程，生成器逐渐能够生成更加逼真的数据，判别器能够更准确地区分真实数据和生成数据。最后，通过输入随机噪声向量，利用训练后的生成器生成一批新的数据。

通过本例，我们可以了解到 GANs 算法的基本结构和训练过程，以及如何使用生成器生成新的数据。生成器的目标是尽可能欺骗判别器，使其认为生成的数据是真实的，而判别器的目标是尽可能区分真实数据和生成数据。通过对抗过程，生成器能够生成更逼真的数据，从而模拟真实数据分布。

8.2 分类分析

想象一下，你每天都会接收到大量的电子邮件，其中包括一些有用的邮件和许多垃圾邮件。你希望拥有一种智能系统，能够帮助你将垃圾邮件自动筛选出来，使收件箱只保留重要的信息。你的任务是开发一个垃圾邮件过滤器，这个过滤器可以自动将收到的邮件分为两类：垃圾邮件和非垃圾邮件。为了训练这个过滤器，你需要一个包含已知类别的数据集，也就是一些已经被标记为垃圾邮件和非垃圾邮件的样本。你可以使用分类分析来解决这个问题。

8.2.1 分类分析的概念

分类分析是一种监督学习的机器学习方法，它是数据挖掘和机器学习中的重要任务之一，通常用于解决以下类型的问题。

① 二分类：将数据点分为两个互斥的类别，例如垃圾邮件分类（垃圾邮件和非垃圾邮件）。

② 多类别分类：将数据点分为多个不同的类别，例如手写数字识别（数字 0～9）。

③ 多标签分类：每个数据点可以分配多个标签。例如，一篇文章可以属于多个主题。

分类分析的目标是从已知数据点中学习模式和规律，对新的、未标记的数据点进行分类或标记。主要目的是识别数据集中的不同组，并对新数据进行分类预测。这通常基于训练数据集，这些数据集包含已知类别或标签的样本，以及与每个样本相关联的特征。分类模型使用这些特征来学习如何进行分类，然后用于预测新数据。

以下是分类分析的主要步骤。

① 数据收集：获取包含已知类别或标签的训练数据集。

② 特征提取和选择：对数据进行特征工程，选择最相关的特征，并将数据转换为可供模型处理的格式。

③ 模型选择：选择适当的分类算法或模型，例如决策树、支持向量机、朴素贝叶斯、神经网络等。

④ 模型训练：使用训练数据集训练分类模型。模型会学习如何根据特征将数据点分为不同的类别。

⑤ 模型评估：使用测试数据集评估模型的性能，通常使用如准确度、精确度、召回率、F1 分数等指标进行评估。

⑥ 模型调优：根据评估结果对模型进行调整，以提高性能。

⑦ 预测和应用：使用训练好的模型对新数据点进行分类或标记。

回到垃圾邮件过滤的问题，为解决此问题，首先，需要收集一组带有特征的电子邮件样本，这些特征可以包括邮件的文本内容、发件人信息、主题等。然后，可以使用监督学习方法，将这些样本输入分类模型中进行训练。常见的分类算法如决策树、支持向量机或朴素贝叶斯可以用于垃圾邮件分类。为了评估垃圾邮件过滤器的性能，可以使用准确度、精确度、召回率等指标来衡量其在正确分类垃圾邮件和非垃圾邮件方面的能力。还可以绘制 ROC 曲线和计算 AUC 来评估不同分类阈值下的性能。开发出一个高效的垃圾邮件过滤器后，可以将其应用于电子邮件收件箱，自动将垃圾邮件放入垃圾邮件文件夹，从而减少无用信息的干扰，以提高工作效率。

分类分析在各种领域中都有广泛的应用，包括自然语言处理、图像识别、医学诊断、金融风险分析、客户分类、欺诈检测等。它为自动化决策提供了强大的工具，有助于从数据中提取有用的信息并进行预测。不同的分类算法适用于不同类型的问题，因此选择合适的算法和特征工程方法对于成功进行分类分析至关重要。

8.2.2　分类评价指标

在分类分析中，有许多评价指标可用于衡量模型性能，这些指标有助于我们理解模型的准确性、可信度和适用性。

① 准确度（Accuracy）：指模型正确预测的样本数量占总样本数量的比例。

$$Accuracy = \frac{TP + TN}{TP + TN + FP + FN}$$

其中 TP 是真正例，TN 是真负例，FP 是假正例，FN 是假负例。

准确度是最直观的性能指标，易于理解。但是，当不同类别的样本数量不平衡时，模型可能会偏向于预测多数类别，导致准确度不能完全反映模型的性能。

② 精确度（Precision）：指正类别样本中被正确预测为正类别的样本数量占所有被预测为正类别的样本数量之比。

$$Precision = \frac{TP}{TP + FP}$$

该指标衡量了模型的预测在正类别中的准确性。

③ 召回率（Recall）：指正类别样本中被正确预测为正类别的样本数量占所有真正正类别的样本数量之比。

$$Recall = \frac{TP}{TP + FN}$$

该指标衡量了模型对于正类别样本的捕捉程度，也称为敏感性。当漏报（错过正类别样本）的代价较高时，召回率是一个关键指标。

④ F1 Score（F1 分数）：指精确度和召回率的调和平均值，它综合考虑了两者的性能。

$$F1\ Score=\frac{2\times Precision\times Recall}{Precision+Recall}$$

F1 分数在不同情况下可以提供一个综合评估模型性能的指标。

⑤ ROC 曲线和 AUC：ROC 曲线是以真正例率（TPR，召回率的另一种称呼）为纵轴，假正例率（FPR）为横轴的曲线。AUC 是 ROC 曲线下的面积，用于度量模型在不同分类阈值下的性能。ROC 曲线和 AUC 通常用于处理类别不平衡问题，并且提供了在不同阈值下可视化模型性能的方法。

⑥ 混淆矩阵：指用于总结模型的预测结果与真实结果之间关系的表格。包括 TP、TN、FP 和 FN。混淆矩阵提供了详细的信息，有助于分析模型的性能，包括错误类型和模型的偏向性。

这些评价指标通常是根据问题的需求和关注点来选择的。例如，如果模型的性能关键指标是尽量减少漏报，那么召回率可能是最关键的指标。如果精确性对问题更重要，那么精确度可能更有价值。

8.2.3　决策树与随机森林

决策树算法是一种在机器学习和数据挖掘领域被广泛应用的监督学习算法。它既可用于分类任务也可用于回归任务，是一种基于树状结构的图形模型，用于表示一系列决策规则以对数据进行分类或预测。决策树的基本构成包括：决策树的每个节点表示一个属性测试或决策规则；树中的边表示属性测试的结果；叶节点表示最终的分类或回归结果；根节点是树的起始节点，包含数据集中的全部样本。

决策树的生成过程如下。

① 特征选择：在每个节点上，选择一个最佳的属性（特征），以将数据集分割为多个子集。常用的特征选择标准包括信息增益、信息增益比、基尼指数等。

② 分裂节点：基于选定的特征，将节点分裂为多个子节点，每个子节点代表一个属性值或范围。

③ 递归构建：重复上述过程，递归地构建子节点，直到达到停止条件。停止条件可以是树的深度、节点中样本数量的阈值等。

决策树的停止条件由最大深度决定，即当树的深度达到预定的最大值时停止分裂。

决策树算法可应用在如垃圾邮件检测、疾病诊断等分类问题中，还可应用于如房价预测、股票价格预测等回归问题中。

决策树算法具有易于理解、可解释性强、不需要复杂的数据预处理、对缺失数据和异常值具有鲁棒性等优点。但它容易过拟合，因此需要进行剪枝来提高泛化性能。剪枝是移除一些子树，以减小树的复杂性，同时保持良好的分类能力。为了评估模型性能，常用交叉验证来避免过度拟合。了解决策树的时间和空间复杂度有助于评估其适用性。通常，决策树的训练时间较短，但对于高维数据效果不佳。在构建决策树之前，可以使用特征选择方法来降低数据的维度，以提高训练和预测效率。在实际应用中，可以通过调整树的深度、剪枝策略和属性选择标准来优化模型性能。

随机森林算法是一种强大且广泛应用的集成学习算法，它基于决策树构建，通常将多个弱学习器（通常是决策树）组合成一个强大的学习器。它利用了"集体的智慧"，通过组合多个模型的预测结果，可以提高泛化性能、减少过拟合，并提高模型的鲁棒性。随机森林的基本学习器是决策树。这些树是使用不同的训练数据集和特征子集来构建的。因为决策树在处理不同数据上具有差异性，所以它们在集成时弥补了相互的不足。

随机森林引入了多种随机性元素，以确保每棵决策树都有差异性。随机性元素包括以下内容。

① 随机抽样：每棵树都是基于原始数据集的随机子样本构建的，这样每棵树都有不同的训练数据。

② 随机选择特征：在每个节点上，随机选择一部分特征来进行分裂，而不使用全部特征。这有助于减少特征间的相关性。

③ 多棵树：随机森林通常包括多棵树，通过投票或平均来确定最终预测。

在随机森林中，每棵决策树的构建过程与普通的决策树相似。但在每个节点上，特征选择和分裂是基于随机选择的特征子集进行的，而不是使用全部特征。这种随机性的引入降低了树之间的相关性，提高了模型的多样性。

随机森林算法通常应用于分类和回归问题。在分类问题中，每棵树投票决定最终的类别，而在回归问题中，每棵树的预测值被平均从而得出最终的预测结果。

随机森林算法在处理大量数据和高维数据时表现出色。它具有较高的鲁棒性，对异常值和噪声不敏感，并且对超参数调整的需求较少。但其模型的预测解释性相对较差。对于一些包含特别噪声的数据集，随机森林算法可能会过拟合。

随机森林算法被广泛应用于各种领域，包括金融风险分析、医学诊断、文本分类、图像分割等。其强大的性能和鲁棒性使其成为数据科学和机器学习的核心工具。在许多实际问题中，随机森林算法表现出色，尤其适用于大型和高维数据集。

8.2.4 朴素贝叶斯算法

朴素贝叶斯算法是一种基于贝叶斯定理的机器学习分类算法。它是一种简单而强大的分类方法，被广泛用于文本分类、垃圾邮件检测、情感分析等。

贝叶斯定理是一个计算在已知某一事件发生的情况下，另一事件发生的条件概率公式。

$$P(A|B) = \frac{P(B|A) \times P(A)}{P(B)}$$

其中，$P(A|B)$ 是在给定事件 B 的条件下事件 A 发生的概率；$P(B|A)$ 是在给定事件 A 的条件下事件 B 发生的概率；$P(A)$ 和 $P(B)$ 分别是事件 A 和事件 B 独立发生的概率。

朴素贝叶斯算法使用了一个朴素的假设，即特征之间是条件独立的。这意味着在给定类别的情况下，所有特征都是相互独立的。尽管这是一个简化的假设，但在实际应用中，特征通常不是完全独立的。尽管如此，这个假设使朴素贝叶斯算法的计算过程变得简单且高效。

在朴素贝叶斯分类中，我们需要根据给定的特征（特征向量）来确定样本属于哪个类别。这涉及计算每个可能类别的后验概率，然后选择具有最高后验概率的类别作为最终分类结果。

其计算步骤具体如下。

① 计算每个类别的先验概率，即在不考虑特征的情况下，每个类别出现的概率。

② 计算每个类别的条件概率，即在给定类别下，各个特征出现的概率。

③ 使用贝叶斯定理将先验概率和条件概率结合，计算每个类别的后验概率。

④ 选择具有最高后验概率的类别作为最终分类结果。

朴素贝叶斯算法具有简单、高效、适用于大规模数据和多类别分类等优点，但它对特征之间的依赖性敏感（朴素假设），不适合处理高维数据。

朴素贝叶斯算法被广泛用于文本分类问题，如垃圾邮件过滤、情感分析、新闻分类等。它还可用于多类别分类问题（如手写数字识别），以及概率估计问题（如垃圾邮件概率分数预测）。虽然其朴素性质在一定程度上限制了性能，但在实际应用中，它常常表现出色。

8.3 聚类分析

经营网上商店时，了解客户是制定有效销售策略的关键。聚类分析就像是一种将客户分成不同组的魔法工具，类似于把相似的客户放在一起。通过观察客户的购买习惯、地理位置和其他特征，可以将客户分成不同的组，如高端产品购买者、频繁购物者或地理位置接近的客户。然后，可以根据每组客户的特点，制订个性化的促销活动，吸引他们购物，从而提高销售额。这就是聚类分析，一种帮助用户更好地了解客户并提高销售业绩的强大工具。

8.3.1 聚类分析的概念

聚类分析是一种无监督学习方法，旨在将数据集中的对象划分为不同的簇，使每个簇内的对象彼此相似，而不同簇之间的对象差异尽可能大。这有助于揭示数据中的内在结构，识别相似性或模式。

在聚类分析中，首要任务是选择或定义适当的相似性度量，以衡量数据对象之间的相似性或距离。这可以是欧氏距离、曼哈顿距离、余弦相似度等，具体选择取决于数据类型和问题背景。常见的聚类算法包括 K 均值聚类、层次聚类、DBSCAN 等。

大多数聚类算法需要进行初始化，然后迭代进行簇的分配和更新，直到达到某个终止条件。同时需要事先确定将数据分成多少个簇（K值）。为了确定聚类的质量，通常还需要使用聚类评价指标，这些将在后文详细介绍。

聚类分析能够帮助揭示数据中的内在结构和模式，尤其适用于对数据一无所知时的探索性数据分析。它还可以帮助降低数据维度，将复杂数据集简化成更容易理解的形式，有助于可视化和数据理解。此外，聚类分析可以用于检测异常点或离群值，因为离群点通常会被分到独立的簇中。聚类分析的最终目标是识别簇，以便从中提取有用信息。

需要注意的是，聚类并不总是能够找到真正的内在结构，结果可能高度依赖于数据和算法选择。聚类算法可以根据它们的聚类模型进行分类，常见有基于连通性的聚类、基于质心的聚类、基于分布的聚类、基于密度的聚类等。

基于连通性的聚类是一整套以距离计算方式为区别的方法。除了通常选择的距离函数，用户还需要确定要使用的链接标准。

在基于质心的聚类中，聚类由中心向量表示。当集群数量固定为 k 时，K 均值聚类算法给出了优化问题的定义：找到聚类中心，并将对象分配到最近的聚类中心，使离聚类中心的平方距离最小化。由于总是将对象分配到最近的聚类中心，因此该类算法更适合大小近似的聚类。

基于分布的聚类产生了复杂的聚类模型，可以捕捉属性之间的相关性和依赖性，但该类算法容易出现过拟合的情况。

在基于密度的聚类中，最受欢迎的算法是 DBSCAN。类似于基于链接的聚类，其基于特定距离阈值内的连接点，但是只连接满足密度标准的点。同时，它的复杂性相对较低，并且能在每次运行中发现本质上相同的结果，因此不需要多次运行。

因此，在应用聚类之前，需要谨慎选择合适的方法，并理解聚类的局限性。

聚类分析是一种有力的工具，用于数据探索、特征提取和模式识别，它在多个领域，如数据挖掘、机器学习、生物信息学和社交网络分析中有着广泛的应用。

8.3.2　聚类评价指标

聚类评价指标是用于衡量聚类结果的质量和一致性的工具。它们帮助我们评估聚类算法的性能，以及确定哪种聚类方案最适合给定的数据集。以下是一些常见的聚类评价指标。

① 轮廓系数：用于评估每个数据点的聚类质量。计算过程如下。

对于其中一个数据点 i，计算其与同一簇内其他点的平均距离 $a(i)$，以及其到某一不包含它的簇内所有点的平均距离 $b(i)$。

向量 i 的轮廓系数为

$$S(i) = \frac{b(i) - a(i)}{\max\{a(i), b(i)\}}$$

轮廓系数的取值范围为 $-1\sim1$，越趋近于 1 表明聚度和分离度越好。将所有点的轮廓系数求平均，就是该聚类结果总的轮廓系数。

② Calinski–Harabasz 指数：用于评估簇内的紧密度与簇间的分离度。计算方式如下。

对于每个簇，计算簇内数据点之间的平均距离（简称"簇内平均距离之和"），以及该簇的聚类中心与全局聚类中心之间的平均距离（简称"簇间平均距离之和"）。

Calinski–Harabasz 指数 =（簇内平均距离之和/簇间平均距离之和）*（$N-k$）/（$k-1$）；其中 N 是数据点总数，k 是簇的数量，Calinski–Harabasz 指数越高表示聚类效果越好。

③ Davies–Bouldin 指数：用于衡量簇内的凝聚度与簇间的分离度。计算步骤如下。

对于每个簇，计算簇内每个点与簇内其他点的平均距离，得到 $a(i)$，对于每对不同的簇，计算它们的聚类中心之间的距离，得到 $a(j)$，并计算簇 i 和簇 j 的聚类中心距离，得到 $d(c(I),c(j))$，其中 $c(i)$ 和 $c(j)$ 为聚类中心。

Davies–Bouldin 指数为

$$DB = \frac{1}{n}\sum_{i=1}^{n}\max_{j \neq i}\left(\frac{a(i)+a(j)}{d(c(i),c(j))}\right)$$

Davies–Bouldin 指数越低表示聚类效果越好。

④ 纯度（purity）：用于衡量聚类中包含单一类别程度的指标。对于每个聚类，计算来自所述聚类中最常见类的数据点的数量。计算过程如下。

纯度系数为

$$P = \frac{1}{n}\sum_{i=1}^{k}\max_{j}|C_i \bigcap L_j|$$

n 是数据集中样本的总数。k 是簇的数量。C_i 表示第 i 个簇中的样本集合。L_j 表示数据集中的第 j 个类别的样本集合。

纯度的取值范围为 0～1，值越大表示聚类效果越好。

⑤ 基于互信息的分数：一种用于衡量聚类算法性能的指标，它衡量的是聚类结果与真实标签之间的相似度。基于互信息的分数可以用于评估将样本点分为多个簇的聚类算法的性能。

基于互信息的分数的取值范围为 0～1，其中值越接近 1 表示聚类结果越准确，值越接近 0 表示聚类结果与随机结果相当，值越小表示聚类结果与真实类别之间的差异越大。基于互信息的分数是一种相对指标，它的取值受到真实类别数量的影响。当真实类别数量很大时，基于互信息的分数可能会有偏差。

⑥ 兰德指数：用于衡量聚类结果与真实标签的相似度。它在某种程度上类似准确度的计算方式。它考虑了数据点之间的配对关系，包括 TP、FP、FN 和 TN。

兰德指数为

$$RI = \frac{TP+TN}{TP+FP+FN+TN}$$

兰德指数的取值范围为 0～1，越接近 1 表示聚类效果越好。

这些聚类评价指标可以用于不同类型的数据和不同的聚类算法，以帮助选择最佳的聚类方案并评估聚类结果的质量。在选择指标时，通常需要根据具体问题和数据的特性来确定哪些指标更适合。

8.3.3 K 均值聚类算法

K 均值聚类算法是一种将数据集分成 K 个不同的簇的聚类算法，其中每个簇包含相似的数据点，不同簇之间的数据点尽可能不相似。K 均值聚类算法的计算步骤如下。

① 初始化聚类中心：选择 K 个初始聚类中心，通常随机选择数据集中的 K 个数据点作

为初始聚类中心。这些聚类中心将成为每个簇的代表。

② 分配数据点：对于每个数据点，计算其与每个聚类中心的距离，通常使用欧氏距离。将数据点分配到距离最近的聚类中心所属的簇中。

③ 更新聚类中心：对于每个簇，计算其所有数据点的平均值，得到新的聚类中心位置。这些新的聚类中心会取代旧的聚类中心。

④ 重复迭代：重复步骤②和③，直到满足停止条件。常见的停止条件包括聚类中心不再改变、簇分配不再改变或达到最大迭代次数。

⑤ 结果输出：K 均值聚类算法输出 K 个簇，每个簇包含数据点和其对应的聚类中心。这些簇代表了数据中的不同群组。

需要注意的是，K 均值聚类算法需要事先指定聚类数。该算法对初始聚类中心选择非常敏感，不同的初始聚类中心可能导致不同的聚类结果。因此，通常需要多次运行算法以找到最佳结果。K 均值聚类算法对异常值敏感，且具有较低的计算复杂度。然而，该算法有可能陷入局部最优解，因此不保证能找到全局最优解。

K 均值聚类算法是一种经典的聚类算法，通常用于数据分析和数据挖掘任务，但需要注意其对外部参数的敏感性和局部最优解的问题。

8.4 关联规则分析

假设你是一家小型零售超市的新任店长。这家超市位于一个人口较多的社区，吸引了很多顾客。虽然某些商品的销售情况很好，但其他商品的销售情况不尽如人意。你希望提高销售额，改善客户购物体验，并采取更有针对性的销售策略。针对这个问题，可以采用关联规则分析方法来解决。

8.4.1 关联规则分析的概念

关联规则分析是数据挖掘领域的一种技术，用于发现数据集中不同项目之间的相关性和关联关系。这种分析方法经常被应用于市场营销、推荐系统、体育比赛策略等场景，以发掘项目之间的潜在关联关系。例如，采用关联规则解决上述零售超市提高销售额等问题，以下是具体的解决方案。

1. 数据收集

首先进行数据收集，以了解顾客的购物习惯。要求员工在每次购物交易中记录顾客所购商品，并建立一个数据库用于记录每位顾客的购物清单。数据包括购买的商品、购物日期和购物篮号码。

2. 数据预处理

数据库中的数据不是完美的，例如有些购物篮没有记录，有些购物清单中有重复的商品，还有些清单中缺少商品信息。因此，需要花时间清理和整理数据，删除重复项，填充缺失值，并确保数据格式一致。

3. 关联规则分析

可以请一位数据分析师，帮助你运行算法以发现商品之间的关联性。分析过程产生了一系列关联规则，例如，"60%的顾客购买牛奶也购买面包"，以及"50%的顾客购买鸡蛋也购买面纸"。

4. 结果解释

分析并理解这些规则的意义。例如，哪些商品经常一起被购买，以及购买某个商品时，与之相关的其他商品。这有助于更好地了解顾客的购物习惯。

5. 实施策略

基于分析的结果，你决定重新布置商品的陈列和制定促销策略，将相关的商品放在一起，以增加销售量，并为购买一组相关商品的顾客提供促销活动。这些策略帮助你增加了销售额，改善了客户购物体验感。通过这个例子，读者可以更深入地了解关联规则分析在购物篮分析问题中的应用。

关联规则分析算法具有易于理解和解释的优点，同时适用于市场营销、推荐系统、库存管理等场景。但对于大型数据集，使用关联规则分析算法需要大量的计算资源和时间。在生成大量关联规则时，其中一些规则仅仅是由于数据噪声而产生的，可能会产生误导性结果。此外，当数据中存在大量零值或极少数项目的情况时，关联规则分析很难找到频繁项集。

关联规则分析是一个有用的数据挖掘工具，适用于许多不同的领域，特别是在需要理解数据之间的关联性和提高决策效率的情境中。

8.4.2 关联规则分析指标

关联规则分析中使用的关键指标可以帮助评估规则的质量和重要性。以下是一些常见的关联规则相关指标。

① 支持度（Support）：指频繁项集在数据集中出现的频率，通常以百分比或小数表示。支持度衡量了一个规则在整个数据集中的普遍程度。

$$\text{Support} = \frac{\text{包含规则的交易次数}}{\text{总交易次数}}$$

支持度用于帮助确定一个频繁项集是否足够频繁，以此来判断其是否有意义。用户通常可以设置一个最小支持度阈值，只有支持度高于此阈值的频繁项集才会被考虑。

② 置信度（Confidence）：指规则的强度度量，如果一个交易包含规则中的前提条件，那么置信度就是包含规则结论的可能性。

$$\text{Confidence} = \frac{\text{包含规则的交易次数}}{\text{包含前提条件的交易次数}}$$

置信度用于衡量规则的可靠性，高置信度表示规则更可信。用户可以设置一个最小置信度阈值来筛选规则。

③ 提升度（Lift）：用于衡量规则中结果项集的出现概率相较于其在数据集中单独出现的概率的增益程度。

$$\text{Lift} = \frac{\text{Confidence}}{\text{结论项Support}}$$

提升度 = 1，表示规则中的条件项集和结果项集的出现是相互独立的。

提升度 > 1，表示规则的条件项集和结果项集的出现是正相关的，即它们的关系比随机事件更强。这说明规则对结果项集的提升效果较好。

提升度 < 1，表示规则的条件项集和结果项集的出现是负相关的，即它们的关系比随机事件更弱。

提升度告诉我们购买一个商品是否会提高购买另一个商品的可能性。

④ 卡方检验：用于衡量规则中的前提条件和结论之间的独立性。如果卡方值显著，说明条件和结论之间不是独立的，存在一定的关联性。

卡方检验有助于识别规则中的条件和结论之间的非随机关系。

以上指标可以帮助数据分析人员和决策者评估关联规则的质量和重要性，以确定哪些规则对业务有实际意义。这些指标的选择和调整取决于具体的分析目标和数据集的特点。

8.4.3　Apriori 算法

Apriori 算法是一种挖掘关联规则的频繁项集算法，也是比较有影响力的挖掘布尔关联规则频繁项集的方法之一。需要说明，所有支持度大于最小支持度的项集称为频繁项集，简称频集。其核心是基于两个阶段频集思想的递推算法。该算法在分类上属于单维、单层、布尔关联规则。Apriori 算法采用了逐层搜索的迭代方法，算法简单明了、易于实现。

Apriori 算法的两个输入参数分别是最小支持度和数据集。该算法首先会生成所有单个物品的项集列表。接着扫描交易记录来查看哪些项集满足最小支持度要求，不满足最小支持度要求的集合会被去除。完成后对剩下来的集合进行组合以生成包含两个元素的项集。接下来重新扫描交易记录，去除不满足最小支持度的项集。该过程重复进行直到所有项集被去除。

Apriori 算法的流程如下。

① 初始化：首先，统计数据集中每个项的支持度，即计算每个项在数据集中出现的频率。然后，根据预设的最小支持度阈值，筛选出满足要求的频繁项集。

② 生成候选项集：根据频繁 $k-1$ 项集生成候选 k 项集。具体来说，假设已经得到了频繁 $k-1$ 项集，那么可以通过连接操作生成候选 k 项集。连接操作是指将两个频繁 $k-1$ 项集合并成一个候选 k 项集。需要注意的是，合并操作时需要保证生成的候选 k 项集不含有重复的 $k-1$ 项子集。

③ 剪枝步骤：在生成的候选 k 项集中，可能存在一些子集不是频繁的，即其支持度不满足最小支持度阈值。为了减少计算的复杂性，需要对候选 k 项集进行剪枝，去除不满足条件的子集。可以通过检查候选 k 项集的所有 $k-1$ 项子集是否都是频繁的来决定是否剪枝。

④ 计算支持度：对于剩下的候选 k 项集，需要计算它们在数据集中的支持度。为了减少计算的复杂性，可以使用 Apriori 属性，即如果一个项集是频繁的，那么它的所有子集也是频繁的。因此，只需要计算候选 k 项集的 $k-1$ 项子集的支持度。

⑤ 筛选频繁项集：根据计算得到的支持度，筛选出满足最小支持度阈值的频繁 k 项集。

同时，将这些频繁 k 项集存储起来，作为下一轮迭代的输入。

⑥ 迭代：重复执行步骤②～⑤，直到再也无法生成新的频繁项集为止。最终得到的所有频繁项集就是要找的结果。

Apriori 算法的优点是简单易懂，容易实现。但是算法的时间复杂度较高，尤其是在处理大规模数据集时。此外，Apriori 算法还存在存储候选项集和频繁项集的开销较大的问题。目前，Apriori 算法主要应用于商业活动领域，在消费市场价格分析中，能够很快求出各种产品之间的价格关系和它们之间的影响；在网络安全领域，通过模式的学习和训练可以发现网络用户的异常行为模式，能够快速锁定攻击者，提高了基于关联规则的入侵检测系统的检测性能；在高校管理领域，随着高校贫困生人数的不断增加，学校管理部门资助工作难度也逐渐增大，针对这一现象，将关联规则的 Apriori 算法应用到贫困助学体系中，挖掘出的规则也可以有效地辅助学校管理部门有针对性地开展贫困助学工作；在移动通信领域，基于移动通信运营商正在建设的增值业务 Web 数据仓库平台，对来自移动增值业务方面的调查数据进行了相关的挖掘处理，从而获得了关于用户行为特征和需求的间接反映市场动态的有用信息，这些信息在指导运营商的业务运营和辅助业务提供商的决策制定等方面具有十分重要的参考价值。

习 题

1. 简述机器学习的分类及应用领域。
2. 简述监督学习和非监督学习的区别。
3. 阐述决策树模型和随机森林模型的优缺点，并分别比较它们在何种场景下更适用。
4. 朴素贝叶斯算法是如何处理特征之间的关联性的？简要说明其基本原理。
5. 在聚类分析中，当数据集中存在异常值时，对 K 均值聚类算法的影响是什么？应该如何处理？
6. 使用 sklearn 库中的随机森林分类器，对给定的数据集进行分类。数据集和模型的训练过程可参考以下代码。

```
#导入必要的库
from sklearn.datasets import load_digits
from sklearn.model_selection import train_test_split
from sklearn.ensemble import RandomForestClassifier

#加载手写数字数据集
digits = load_digits()
X_train, X_test, y_train, y_test = train_test_split(digits.data, digits.target, test_size = 0.2, random_state = 42)

#创建随机森林分类器并训练模型
rf_clf = RandomForestClassifier(n_estimators = 100, random_state = 42)
rf_clf.fit(X_train, y_train)
```

```
#使用模型进行预测
y_pred_rf = rf_clf.predict(X_test)
```

　　请编写代码计算并输出该随机森林模型在测试集上的准确率。

　　7. 假设你正在处理一个电影评论分类问题。你有一个包含电影评论文本和相应标签（正面：1，负面：0）的数据集。请使用朴素贝叶斯分类器进行文本分类。可参考以下代码。

```
#导入必要的库
from sklearn.model_selection import train_test_split
from sklearn.feature_extraction.text import TfidfVectorizer
from sklearn.naive_bayes import MultinomialNB

#假设数据集 X 包含电影评论文本，y 包含相应的标签（1 或 0）
X_train, X_test, y_train, y_test = train_test_split(X, y, test_size = 0.2, random
_state = 42)

#使用 TF-IDF 进行文本特征提取
vectorizer = TfidfVectorizer()
X_train_tfidf = vectorizer.fit_transform(X_train)
X_test_tfidf = vectorizer.transform(X_test)

#创建朴素贝叶斯分类器并训练模型
nb_clf = MultinomialNB()
nb_clf.fit(X_train_tfidf, y_train)

#使用模型进行预测
y_pred_nb = nb_clf.predict(X_test_tfidf)
```

　　请完成伪代码，计算并输出该朴素贝叶斯模型在测试集上的精确度和召回率。

　　提示：可以使用 precision_score 和 recall_score 函数来计算精确度和召回率。

　　8. 使用 sklearn 库中的 K 均值聚类算法对给定数据集进行聚类。数据集和模型的训练过程可参考以下代码。

```
#导入必要的库
from sklearn.datasets import make_blobs
from sklearn.cluster import KMeans
import matplotlib.pyplot as plt

#生成示例数据集
X, y = make_blobs(n_samples = 300, centers=4, random_state = 42)

#使用 K 均值聚类算法进行聚类
kmeans = KMeans(n_clusters = 4, random_state = 42)
y_kmeans = kmeans.fit_predict(X)

#可视化聚类结果
plt.scatter(X[:, 0], X[:, 1], c = y_kmeans, cmap = 'viridis', s = 50, alpha = 0.8
, edgecolors='w')
```

```
centers = kmeans.cluster_centers_
plt.scatter(centers[:, 0], centers[:, 1], c = 'red', s=200, marker = 'X', alpha =
0.8, edgecolors = 'k')
plt.title('KMeans Clustering')
plt.xlabel('Feature 1')
plt.ylabel('Feature 2')
plt.show()
```

请编写代码计算并输出每个簇的中心坐标。

9. 使用 mlxtend 库中的 Apriori 算法对给定的交易数据进行关联规则分析。数据集和模型的训练过程可参考以下代码。

```
#导入必要的库
import pandas as pd
from mlxtend.preprocessing import TransactionEncoder
from mlxtend.frequent_patterns import apriori, association_rules

#示例交易数据
transactions = [
    ['Milk', 'Bread', 'Eggs'],
    ['Beer', 'Chips'],
    ['Milk', 'Beer', 'Chips', 'Diaper'],
    ['Bread', 'Eggs', 'Diaper'],
    ['Milk', 'Bread', 'Beer', 'Chips'],
    ['Bread', 'Eggs']
]

#使用 Apriori 算法找到频繁项集
te = TransactionEncoder()
te_ary = te.fit_transform(transactions)
df = pd.DataFrame(te_ary, columns = te.columns_)
frequent_itemsets =  apriori(df, min_support = 0.3, use_colnames = True)

#使用关联规则生成器找到关联规则
rules = association_rules(frequent_itemsets, metric = "lift", min_threshold = 1.2)

#输出关联规则
print(rules)
```

请编写代码计算并输出关联规则中的 Kulc 指标（Lift * (1 - Support(B))），并找出具有最高 Kulc 指标的规则。

提示：Kulc 指标结合了提升度和支持度，用于衡量关联规则的价值。Kulc 指标的计算公式为 Kulc = Lift * (1 - Support(B))，其中 B 是结果项集。

第 9 章 实践案例

在前面的内容中，我们介绍了大数据分析的基础知识、数据分析工具、可视化工具以及机器学习的基本概念等。这些知识使我们能够理解和处理各种类型的数据。

在本章中，我们将通过两个实际案例来巩固我们所学的知识。第一个任务是"电商网站用户行为分析"，我们将深入挖掘用户在电商平台上的行为数据，探索潜在的用户趋势和消费行为。第二个任务是"文本聚类分析"，我们将运用文本挖掘技术，从大量文本数据中发现隐藏的模式和关系。

这两个案例旨在帮助读者将理论知识转化为实际能力，通过动手实践进一步提升在数据科学领域的技能水平。

9.1　电商网站用户行为分类分析

随着互联网的快速发展，电商行业已经成为各大企业竞相争夺的市场之一。随着消费者需求的不断变化，电商企业也不断通过数据分析和机器学习算法来优化用户体验和提高销售效率。

基于机器学习的电商用户行为分类分析是一种智能化的分析方法，它可以帮助企业分析和了解用户行为，识别用户兴趣和需求，并从中挖掘商机。接下来，我们将从特征工程、模型选择和训练、模型评估和优化、预测和应用方面展开对电商网站用户行为的分类分析。

9.1.1　特征工程

特征工程在电商网站用户行为分类分析中扮演着至关重要的角色。我们将通过数据收集、特征选择、数据清洗与预处理等步骤，对原始数据进行有效的转换和加工，以提取对用户行为分类有意义的特征。数据收集可以确保我们获取到完整准确的用户行为数据；特征选择有助于挑选出最相关的特征，提升模型性能；而数据清洗与预处理则用于确保数据质量，排除异常和噪声。这些步骤为后续的模型选择和训练提供了可靠的基础。

1. 数据收集

在电商网站场景中，我们需要从网站服务器或数据库中提取用户行为数据。数据包括用户、用户操作、社交媒体、物流运营等多类信息。在以下代码中，pd.read_csv()函数用于读取 CSV 文件，而 data.head( )函数用于显示数据集的前几行，以便初步展示数据结构。

```
import pandas as pd

#读取数据集
data = pd.read_csv("ecommerce_user_behavior.csv")

#显示数据集的前几行
print(data.head())
```

在使用这些数据集时应查看数据集的相关文档，了解数据的具体含义和格式，确保遵循其使用规定。

2. 特征选择

在特征选择过程中，建议选择与用户行为分类相关的特征，此处代码以浏览次数和购买次数为例，这两个特征可以反映用户对产品的浏览量和购买兴趣。在实际应用中，需要结合具体实例选择合适的特征选择方法，如卡方检验、互信息、方差分析、主成分分析等，有时也可以尝试组合多种方法，以提高模型性能、减少过拟合，并降低计算成本。

```
#选择特征
selected_features = data[['views', 'purchases']]

#显示选择后的特征
print(selected_features.head())
```

3. 数据清洗与预处理

在数据清洗阶段，我们通常使用文本挖掘技术（如分词、去除停用词、提取关键词等方法）来提取关键信息，此处我们删除了可能存在的缺失值。随后在特征预处理中，为了确保在训练模型时各个特征具有一致的尺度，我们进行了数据标准化，以提高模型性能，代码如下。

```
from sklearn.preprocessing import StandardScaler

#处理缺失值
data = data.dropna()

#标准化数据
scaler = StandardScaler()
scaled_features = scaler.fit_transform(selected_features)
```

9.1.2 模型选择和训练

在电商网站用户行为分类分析中，选择合适的模型并进行有效的训练是至关重要的。我们选择了决策树模型作为主要研究对象，因其简单易懂、适用于分类任务且能够处理非线性关系。在模型训练阶段，我们将着重关注数据的预处理、特征工程及模型参数的调优，以提高模型的性能和泛化能力。通过对决策树模型的深入研究和有效训练，我们将为后续的模型评估和优化提供可靠的基础。

1. 模型种类

在模型选择中，建议选择决策树模型。决策树模型是用户行为分类问题中一种有效的建模工具。首先，决策树模型的可解释性强，它生成的规则易于理解和解释，每个节点都对应于一个特征的判定，每个分支代表该特征的取值。其次，决策树可以处理混合型数据，这在用户分类问题中很常见，例如用户行为可能涉及连续的数值型特征（如停留时间）和分类的离散型特征（如用户设备类型）。同时，可以根据数据的分布灵活调整决策树的分裂节点，从而适应不同特征之间的非线性关系。此外，决策树还能够有效地处理缺失值，不需要对缺失值进行额外的处理。

以下代码展示了决策树分类器的创建。

```
from sklearn.tree import DecisionTreeClassifier

#创建决策树分类器
model = DecisionTreeClassifier()
```

需要注意的是，虽然决策树在很多方面都适用于用户行为分类问题，但它可能存在过拟合问题。要想缓解这个问题，可以使用剪枝技术、集成学习方法（如随机森林）或者调整决策树的参数。在实际应用中，通常需要根据具体问题和数据集的特点选择最合适的模型和调参策略。

2. 模型训练

在模型训练中，数据集被划分为训练集和测试集。train_test_split()函数用于随机划分数据集。其中，scaled_features 是包含特征数据的变量；data['label']是包含标签的变量；test_size = 0.2 表示将数据集划分为训练集和测试集时，测试集的大小占总数据集的 20%；random_state 是一个种子值，它用于确保每次运行代码时得到的划分是相同的。在该函数的返回值中，X_train 和 y_train 分别是训练集的特征数据和标签，X_test 和 y_test 分别是测试集的特征数据和标签。

模型通过 fit()方法在训练集上进行训练，代码如下。

```
from sklearn.model_selection import train_test_split

#划分数据集
X_train, X_test, y_train, y_test = train_test_split(scaled_features, data ['label'],
test_size = 0.2, random_state = 42)

#训练模型
model.fit(X_train, y_train)
```

9.1.3　模型评估和优化

模型评估和优化是确保模型性能和效果的关键步骤。我们将使用准确度和混淆矩阵等指标来评估模型的性能，确保模型能够准确地分类用户行为。同时，我们将采用网格搜索等优化策略，对模型进行参数调优，以提高模型的泛化能力和预测准确性。通过系统的评估和优化，我们将确保所构建的模型在实际应用中表现出色。

1. 模型评估指标

在模型评估中，建议使用准确度和混淆矩阵两个指标来评估模型的性能。准确度是最直观的性能度量，它表示正确预测的样本数占总样本数的比例。准确度在处理平衡类别的问题时很有用，但在类别不平衡的情况下可能会得出误导性的结果。例如，当一个类别的样本占比很小时，即使模型预测所有样本都属于多数类别，也可以获得高准确度。因此，在类别不平衡的情况下，准确度可能不是一个全面的评估指标。

混淆矩阵提供了更详细的性能信息。混淆矩阵将模型的预测结果按照真实类别划分为 4 个部分：真正例（TP）、真负例（TN）、假正例（FP）、假负例（FN）。从混淆矩阵中可以计算出准确度、精确度、召回率等指标，这些指标对于理解模型在不同方面的表现都非常有帮助。

下面介绍使用 sklearn 库计算准确度和混淆矩阵的具体实现方法。

```python
from sklearn.metrics import accuracy_score, confusion_matrix

#在测试集上进行预测
y_pred = model.predict(X_test)

#计算准确度
accuracy = accuracy_score(y_test, y_pred)
print(f"Accuracy: {accuracy}")

#计算混淆矩阵
conf_matrix = confusion_matrix(y_test, y_pred)
print(f"Confusion Matrix:\n{conf_matrix}")
```

2. 优化策略

在模型优化中，建议使用网格搜索（GridSearchCV）来搜索最佳的超参数组合。这有助于提高模型的泛化能力。

```python
from sklearn.model_selection import GridSearchCV

#定义超参数网格
#max_depth 表示决策树的最大深度
#min_samples_split 表示内部节点再划分所需的最小样本数
param_grid = {'max_depth': [3, 5, 7], 'min_samples_split': [2, 5, 10]}

#使用网格搜索进行超参数调优
#cv 是交叉验证的折数
grid_search = GridSearchCV(model, param_grid, cv = 3)
grid_search.fit(X_train, y_train)

#打印最佳超参数
print("Best Parameters:", grid_search.best_params_)
```

上述代码展示了如何通过网格搜索调整模型的超参数，以找到最佳组合，使其更适应不同的数据集。

9.1.4　预测和应用

在电商网站的用户行为分类分析中，预测和应用阶段是将模型部署到实际场景中并实现其价值的关键步骤。我们将探讨模型部署的方法和技术，以及应用场景的选择与实现。特别地，我们将以个性化推荐为应用场景，利用决策树模型进行用户行为分类，以提供个性化的产品推荐。此外，我们还将使用数据可视化技术，例如决策树可视化，来直观展示模型的决策过程，帮助业务人员更好地理解和运用模型结果。

1.　模型部署

在模型部署中，我们选择具有最佳超参数的模型，并在生产环境中使用新数据进行预测。

```
#使用最佳超参数重新训练模型
best_model = grid_search.best_estimator_
best_model.fit(X_train, y_train)

#在生产环境中使用模型进行预测
production_predictions = best_model.predict(new_data)
```

在上述代码中，使用 grid_search 选择了最佳超参数并使用这些参数重新训练了模型，随后在生产环境中使用新的数据进行预测。

2.　应用场景

在电商网站应用场景中，我们可以利用模型来进行个性化推荐。通过获取用户的特征，将其标准化后，我们可以利用模型预测用户可能感兴趣的产品类别，从而提升用户体验，相关代码如下。

```
#获取用户特征
user_features = get_user_features(user_id)

#标准化用户特征
scaled_user_features = scaler.transform(user_features)

#使用模型进行个性化推荐
recommendation = best_model.predict(scaled_user_features)
```

3.　数据可视化

我们可以使用数据可视化技术来更好地理解模型和数据。

```
import matplotlib.pyplot as plt
import seaborn as sns

#可视化特征分布
sns.pairplot(data[['views', 'purchases', 'label']], hue = 'label', diag_kind = 'kde')
plt.show()

#可视化决策树
from sklearn.tree import plot_tree
plt.figure(figsize = (12, 8))
plot_tree(best_model, feature_names = ['views', 'purchases'], class_names = ['0',
 '1'], filled = True, rounded = True)
plt.show()
```

这里我们首先使用 seaborn 库对特征分布进行可视化，通过颜色区分，我们可以理解不同类别下 views 和 purchases 变量的分布情况。然后我们使用 sklearn 的 plot_tree()函数可视化了决策树模型的决策过程，展示了每个节点上的决策条件、特征的重要性等信息。这些可视化工具有助于我们深入理解数据分布和模型的决策逻辑。

9.2 文本聚类分析

在当今信息爆炸的时代，海量的文本数据已成为我们日常生活中不可忽视的一部分。从社交媒体评论到新闻文章，文本数据蕴含着丰富的信息，然而，要从这些海量文本中提取有用的信息却是一项极具挑战性的任务。在这个背景下，文本聚类分析作为一种强大的工具，能够帮助我们理清文本数据的结构、发现其中的模式，并为更深入的文本挖掘提供基础。

文本聚类主要基于著名的聚类假设：同类的文档相似度较高，而不同类的文档相似度较低。作为一种无监督的机器学习方法，聚类由于不需要训练过程，以及不需要预先对文档手工标注类别，因此具有一定的灵活性和较高的自动化处理能力，它已经成为对文本信息进行有效组织、摘要和导航的重要手段。

在本任务中，我们将深入探讨文本聚类分析的关键步骤和方法，展示常用的技术和工具，演示如何有效地组织和分析文本数据，以及如何从中提取出有价值的信息。

9.2.1 特征工程

在文本聚类分析中，特征工程是实现有效文本表示的关键步骤。我们将通过文本清洗与预处理等步骤，对原始文本数据进行有效的转换和加工，以提取对聚类任务有意义的特征。文本清洗与预处理包括去除噪声、停用词处理、词干提取等，以确保文本数据的质量和一致性。通过这些步骤，我们将获得适用于聚类算法的文本特征表示，为后续的聚类分析奠定良好的基础。

1. 文本清洗与预处理

在文本聚类分析中，首先需要对原始文本数据进行清洗和预处理，以减少噪声和提取有用的信息，代码如下。

```
import re
from nltk.corpus importstopwords
from nltk.stem import PorterStemmer
from nltk.tokenize import word_tokenize

def preprocess_text(text):
    #去除标点符号和数字
    text = re.sub(r'[^a-zA-Z]', ' ', text)

    #转换为小写
    text = text.lower()
```

```
#分词
words = word_tokenize(text)

#去除停用词
stop_words = set(stopwords.words('english'))
words = [word for word in words if word not in stop_words]

#词干化
ps = PorterStemmer()
words = [ps.stem(word) for word in words]

#重新组合文本
clean_text = ' '.join(words)

return clean_text
```

以上代码中只列出了常用的操作方法，具体的清洗与预处理操作需要根据具体场景调整。

2. 文本向量化

将清洗后的文本数据转换为机器学习算法可以处理的向量形式，常用的方法是使用 TF-IDF（词频–逆文档频率）向量化，代码如下。

```
from sklearn.feature_extraction.text import TfidfVectorizer

def vectorize_text(text_data):
    #初始化 TF-IDF 向量化器
    vectorizer = TfidfVectorizer(max_features = 5000)

    #将文本数据转换为 TF-IDF 矩阵
    tfidf_matrix = vectorizer.fit_transform(text_data)

    return tfidf_matrix
```

TF-IDF 是一种用于信息检索与文本挖掘的常用加权技术。TF-IDF 是一种统计方法，用以评估字词对于一个文件集或一个语料库中的一份文件的重要程度。字词的重要性与它在文件中出现的次数成正比，但同时会随着它在语料库中出现的频率成反比。简而言之一个词语在一篇文章中出现次数越多，同时在所有文档中出现次数越少，它就越能够代表该文章。这就是 TF-IDF 的核心思想。

TF-IDF 的公式为

$$TF-IDF_{i,j} = TF_{i,j} \times IDF_i$$

其中，词频（TF）指的是某一个给定的词语在该文件中出现的频率。

逆向文档频率（IDF）是一个词语普遍重要性的度量。某一特定词语的 IDF，可以由总文件数目除以包含该词语的文件数目，再将得到的商取以 10 为底的对数得到。最终得到的结果可以理解为该词在文档中的重要程度。

举个例子，假设一份文件的总词语数是 100 个，而词语"非常"出现了 5 次，那么"非常"一词在该文件中的词频就是 5/100 = 0.05。而 IDF 的方法是以文件集的文件总数除以出现

"非常"一词的文件数。所以，如果"非常"一词在 10000 份文件出现过，而文件总数是 10000000 份的话，其逆向文件频率就是 lg(10000000 / 10000) = 3。最后得出"非常"一词对于这份文档的 TF-IDF 的分数为 0.05 * 3 = 0.15。

9.2.2 聚类算法的选择和实现

在文本聚类分析中，选择合适的聚类算法是至关重要的。我们将探讨和实现几种常用的聚类算法，包括 K 均值聚类、层次聚类和 DBSCAN。每种算法都有其独特的特点和适用场景，我们将对它们的原理和实现细节进行深入研究，并通过实验比较它们在文本数据上的表现。通过选择和实现合适的聚类算法，我们将为后续的聚类结果分析和可视化提供可靠的基础。

1. K 均值聚类

K 均值聚类通过迭代的方式将数据划分为 K 个簇，每个簇由其质心（簇内平均值）来表示。其目标是最小化簇内数据点到质心的平方距离之和。这种方法更适用于球状簇的数据分布，对于大型数据集具有较高的效率。

因在第 8 章已经详细讲解过该算法，所以此处直接展示示例代码。

```python
from sklearn.cluster import KMeans

def kmeans_clustering(tfidf_matrix, num_clusters):
    #初始化 K 均值聚类模型
    kmeans = KMeans(n_clusters = num_clusters, random_state = 42)

    #将 K 均值聚类模型应用到 TF-IDF 矩阵
    kmeans.fit(tfidf_matrix)

    #获取每个文本的簇标签
    cluster_labels = kmeans.labels_

    return cluster_labels
```

上述代码使用了 K 均值聚类模型将文本数据划分为指定数量的簇，并返回了每个文本所属的簇标签。

2. 层次聚类

对于该聚类算法，我们在前文有所提及，但并未详细说明，下面我们将详细介绍这一算法。

层次聚类是聚类算法的一种，它通过计算不同类别数据点间的相似度来创建一棵有层次的嵌套聚类树。在聚类树中，不同类别的原始数据点是树的最底层，树的顶层是一个聚类的根节点。层次聚类一般有两种划分策略：自底向上的聚合策略和自顶向下的分拆策略。由于前者较后者有更广泛的应用且算法思想一致，因此这里将重点介绍聚合层次聚类算法。

聚合层次聚类算法的思路是假设每个样本点都是一个单独的簇类，然后在算法运行的每一次迭代中找出相似度较高的簇类进行合并，该过程不断重复，直到达到预设的簇类个数 K 或只剩一个簇类。

聚合层次聚类的基本步骤如下。

① 计算数据集的相似矩阵。

② 假设每个样本点为一个簇类。

③ 循环执行：合并相似度最高的两个簇类，然后更新相似矩阵。

④ 当簇类个数为 1 时，循环终止。

为了更好地理解，我们对算法进行图示说明，假设有 6 个样本点{A, B, C, D, E, F}。

第一步：假设每个样本点都为一个簇类，如图 9-1 所示，计算每个簇类间的相似度，得到相似矩阵。

图 9-1　聚合层次聚类——第一步

第二步：若 B 和 C 的相似度最高，将 B 和 C 合并为一个簇类，如图 9-2 所示。现在有 5 个簇类，分别为 A、BC、D、E、F。

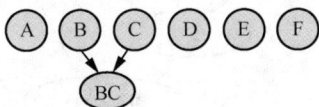

图 9-2　聚合层次聚类——第二步

第三步：更新簇类间的相似矩阵，相似矩阵的大小为 5 行 5 列；若簇类 BC 和 D 的相似度最高，将 BC 和 D 合并为一个簇类，如图 9-3 所示，现在还有 4 个簇类，分别为 A、BCD、E、F。

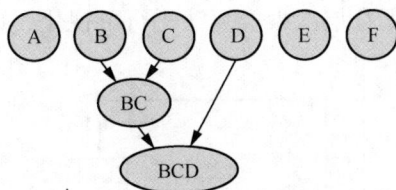

图 9-3　聚合层次聚类——第三步

第四步：更新簇类间的相似矩阵，相似矩阵的大小为 4 行 4 列；若簇类 E 和 F 的相似度最高，合并簇类 E 和 F 为一个簇类，如图 9-4 所示，现在我们还有 3 个簇类，分别为 A、BCD、EF。

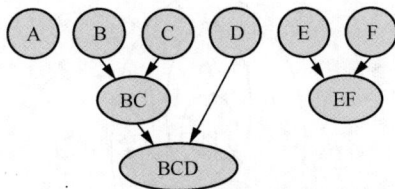

图 9-4　聚合层次聚类——第四步

第五步：重复第四步，簇类 BCD 和簇类 EF 的相似度最高，合并该两个簇类，如图 9-5 所示，现在还有 2 个簇类，分别为 A、BCDEF。

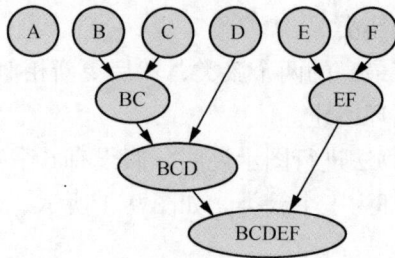

图 9-5　聚合层次聚类——第五步

第六步：将 A 和 BCDEF 合并为一个簇类，层次聚类算法结束，如图 9-6 所示。

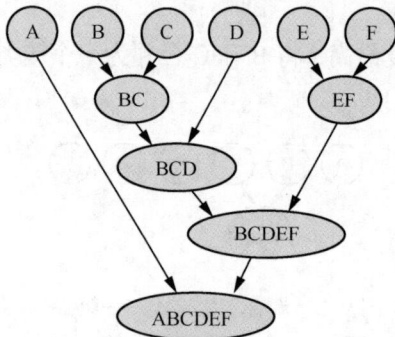

图 9-6　聚合层次聚类——第六步

层次聚类的结果可以通过树状图直观地表示出来，这种图被称为树状图。树状图能够显示出数据点之间的层次关系，使用户能够根据自己的需求选择合适的聚类数量。根据上面的步骤，我们可以使用树状图对聚合层次聚类算法进行可视化，如图 9-7 所示。

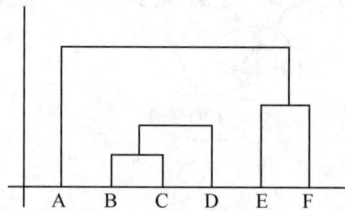

图 9-7　树状图

也可用图 9-8 所示的形式记录簇类聚合和拆分的顺序。

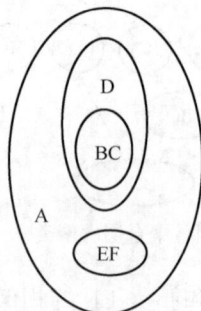

图 9-8　簇类聚合和拆分顺序记录

拆分层次聚类算法假设所有数据集都被归为一类，然后在算法运行的每一次迭代中拆分相似度最低的样本，该过程不断重复，最终每个样本点对应一个簇类。简单来说，拆分层次聚类是聚合层次聚类的反向算法，我们可以通过树状图来加强理解，一个是自底向上的聚合，另一个是自顶向下的拆分。

同时，在层次聚类中，需要选择一种相似性度量（距离度量）来衡量两个簇或数据点之间的相似性或距离。常见的度量包括欧氏距离、曼哈顿距离、余弦相似度等，具体的选择取决于数据的特性和聚类任务的要求。

以下的代码展示了拆分层次聚类算法在文本聚类分析中的应用。

```
from sklearn.cluster import AgglomerativeClustering

def hierarchical_clustering(tfidf_matrix, num_clusters):
    #初始化层次聚类模型
    hierarchical = AgglomerativeClustering(n_clusters = num_clusters)

    #将层次聚类模型应用到 TF-IDF 矩阵
    cluster_labels = hierarchical.fit_predict(tfidf_matrix.toarray())

    return cluster_labels
```

以上代码使用 AgglomerativeClustering 层次聚类模型对 TF-IDF 矩阵进行处理，并返回每个文本的簇标签。

3. DBSCAN

DBSCAN 是一种基于数据点密度的聚类算法，它将密度足够大的区域划分为簇，并识别低密度区域作为噪声。它不需要预先指定簇的数量，因此它能够发现任何形状的簇类。该算法适用于具有不规则形状和可变密度的数据分布，并对噪声和异常值具有一定的鲁棒性。

前文已经详细讲解过该算法，所以此处我们直接展示示例代码。

```
from sklearn.cluster import DBSCAN

def dbscan_clustering(tfidf_matrix, eps, min_samples):
    #初始化 DBSCAN 聚类模型
    dbscan = DBSCAN(eps = eps, min_samples = min_samples)

    #将 DBSCAN 聚类模型应用到 TF-IDF 矩阵
    cluster_labels = dbscan.fit_predict(tfidf_matrix)

    return cluster_labels
```

上述代码使用 DBSCAN 聚类模型对 TF-IDF 矩阵进行处理，并返回每个文本的簇标签。

9.2.3　聚类结果分析和可视化

聚类结果的分析和可视化是理解和解释聚类结果的重要手段。我们将采用轮廓系数等聚类评估指标来评估聚类结果的质量，并使用词云图等可视化工具直观展示聚类结果。轮廓系数能够帮助我们衡量聚类的紧密度和分离度，词云图则能够直观地展示聚类簇中的关键词信息。通过这些分析和可视化手段，我们可以更深入地理解聚类结果，并为后续的预测和应用提供指导和支持。

1. 聚类评估指标

为了评估聚类算法的性能，我们可以使用一些常见的聚类评估指标，例如轮廓系数。

```python
from sklearn.metrics import silhouette_score

def evaluate_clustering(tfidf_matrix, cluster_labels):
#计算轮廓系数
    silhouette_avg = silhouette_score(tfidf_matrix, cluster_labels)

    return silhouette_avg
```

上述代码演示了如何使用轮廓系数评估聚类算法的性能。轮廓系数是对聚类结果紧密度和分离度的度量，其值越高表示聚类效果越好。

2. 可视化工具

使用可视化工具，如词云、热力图等，可以展示聚类结果，帮助用户更直观地理解文本数据的聚类结构。

以下代码使用 matplotlib 和 wordcloud 来生成词云图，展示每个簇中的关键词及其出现的频率。

```python
import matplotlib.pyplot as plt
from wordcloud import WordCloud

def visualize_clusters(text_data, cluster_labels):
    #创建一个字典，将文本数据按簇标签分类
    clustered_texts = {}
    for i, label in enumerate(cluster_labels):
        if label not in clustered_texts:
            clustered_texts[label] = []
        clustered_texts[label].append(text_data[i])

    #生成每个簇的词云
    for cluster, texts in clustered_texts.items():
        wordcloud = WordCloud().generate(' '.join(texts))
        plt.figure()
        plt.imshow(wordcloud, interpolation = 'bilinear')
        plt.title(f'Cluster {cluster} Word Cloud')
        plt.axis('off')

        plt.show()
```

通过这些可视化工具，用户可以更清晰地观察每个聚类的主题和特点。

9.2.4 预测和应用

预测和应用阶段是将聚类结果应用到实际场景中的关键步骤。我们将探讨如何使用聚类结果进行文本分类等预测任务，并探索聚类结果在其他应用中的潜在价值。文本分类任务能够将文本数据自动归类到预定义的类别中，从而实现对文本数据的有效管理和分析。同时，我们还将考虑聚类结果在其他领域的应用，如信息检索、推荐系统等，以挖掘聚类分析的更广阔应用场景。

1. 文本分类

使用聚类结果进行文本分类，可以提高分类的准确性。我们可以将每个簇视为一个类别，然后使用监督学习算法对文本进行分类。在以下代码中，我们主要使用朴素贝叶斯分类器进行训练和测试，最后返回文本分类的正确率。

```python
from sklearn.model_selection import train_test_split
from sklearn.naive_bayes import MultinomialNB
from sklearn.metrics import accuracy_score

def text_classification(tfidf_matrix, cluster_labels, labels):
    #划分数据集
    X_train, X_test, y_train, y_test = train_test_split(tfidf_matrix, labels,
test_size = 0.2, random_state = 42)

    #训练朴素贝叶斯分类器
    clf = MultinomialNB()
    clf.fit(X_train, y_train)

    #预测
    y_pred = clf.predict(X_test)

    #计算分类准确率
    accuracy = accuracy_score(y_test, y_pred)

    return accuracy
```

2. 其他应用

我们可以将聚类结果应用于信息检索，以提高文档的检索效果。具体来说，可以将每个聚类看作一个主题或话题，并为每个文档分配一个或多个相关的聚类标签。这样一来，当用户进行检索时，可以将检索词与相关的聚类标签进行匹配，从而提高检索结果的相关性。

在以下示例代码中，retrieve_documents()函数的作用是根据用户输入的检索词，从聚类结果中找到与检索词相关的聚类，并返回相关文档。具体来说，该函数首先通过 find_relevant_clusters()函数找到与检索词相关的聚类，然后遍历这些聚类，将每个聚类中的文档添加到结果列表中。最后，函数返回相关的文档列表，供用户查阅。这样，用户在进行信息检索时，可以得到与检索词相关联的文档集合，从而提高检索结果的相关性和准确性。

```python
#将文档与聚类结果进行关联
def retrieve_documents(query, clustered_documents):
    relevant_clusters = find_relevant_clusters(query)
    relevant_documents = []
    for cluster in relevant_clusters:
```

```
        relevant_documents.extend(clustered_documents[cluster])
    return relevant_documents
```

```
#使用聚类结果进行信息检索
query = "data mining"
relevant_documents = retrieve_documents(query, clustered_documents)
print("Relevant Documents:", relevant_documents)
```

聚类结果还可以用于构建推荐系统。我们可以根据用户的历史行为将其归入与聚类簇相对应的群组，然后基于该群组中其他用户的行为数据来进行个性化推荐。这样一来，推荐系统可以更好地理解用户的兴趣和偏好，并提供更准确的推荐结果。

在以下示例代码中，recommend_items()函数的作用是根据用户的历史行为和聚类结果，为用户提供个性化推荐。具体来说，首先通过 find_user_cluster()函数找到该用户所属的聚类群组，然后通过 find_similar_users()函数找到与该群组相似的其他用户，最后通过 get_top_items()函数获取这些相似用户中最热门的物品作为推荐结果。这样一来，推荐系统可以更好地理解用户的兴趣和偏好，并根据相似用户的数据为用户提供个性化推荐，提高了推荐结果的准确性和用户满意度。

```
#基于聚类结果的用户群组推荐
def recommend_items(user_id, clustered_users, items_per_cluster):
    user_cluster = find_user_cluster(user_id, clustered_users)
    relevant_users = find_similar_users(user_cluster, clustered_users)
    recommended_items = []
    for user in relevant_users:
        recommended_items.extend(get_top_items(user, items_per_cluster))
    return recommended_items
```

```
#使用聚类结果进行个性化推荐
user_id = "123"
recommended_items = recommend_items(user_id, clustered_users, items_per_cluster = 5)
print("Recommended Items:", recommended_items)
```

此外，我们还可以利用聚类结果进行情感分析，了解文本数据的情感倾向。例如，可以将每个簇的情感标签作为该簇的整体情感特征。

习　题

1. 房价预测与可视化

假如你是一家房地产公司的数据分析师，该公司希望使用机器学习模型来预测房屋的销售价格，并且希望你提供一些可视化分析来帮助他们更好地理解数据。

2. 图像分类与迁移学习

假如你是一家医疗影像公司的机器学习工程师，公司需要一个自动分类皮肤病变的系统，以帮助医生更快速、准确地诊断病例。

　　请注意，通常情况下，医疗影像数据集的规模相对较小，而且往往缺乏足够的标注数据。因此直接在这些小规模数据上训练深度神经网络可能会导致模型过拟合或者性能不佳。所以使用预训练模型，并结合迁移学习技术，在医疗影像数据上进行微调，可以使模型更快地收敛，并且通常能够获得更好的泛化性能。

　　同时，在医疗影像分类任务中，模型的预测结果直接影响患者的诊断和治疗，因此模型的可解释性尤为重要。可解释性分析可以帮助医生理解模型是如何作出预测的，以及模型预测结果的可信度。最后，通过对模型在测试集上的误差进行分析，可以发现模型在不同类别或特定情况下的预测错误，并提出改进模型性能的建议。